Aus der Universitätssternwarte zu Breslau.

# Über die Existenzmöglichkeit absorbierender Materie im Kosmos.

## Inaugural-Dissertation
zur Erlangung der Doktorwürde
bei der Hohen Philosophischen Fakultät der
Schlesischen Friedrich-Wilhelms-Universität
zu Breslau

vorgelegt von

### Bodo Jung.

Promotion: 7. November 1934.

1934.

Springer-Verlag Berlin Heidelberg GmbH

ISBN 978-3-662-31321-3     ISBN 978-3-662-31526-2 (eBook)
DOI 10.1007/978-3-662-31526-2

Referent: Professor Dr. Schoenberg.
Korreferent: Professor Dr. Schaefer.

---

Examen rigorosum: 24. Juli 1934.

---

Gedruckt mit Genehmigung der Hohen Philosophischen Fakultät der Schlesischen Friedrich-Wilhelms-Universität zu Breslau.

## Über die Existenzmöglichkeit absorbierender Materie im Kosmos.

Von B. Jung in Breslau.

Mit 5 Abbildungen. (Eingegangen am 25. Juni 1934.)

Die Frage, ob im interstellaren Raum dunkle, absorbierende Materie vorhanden ist, ist für die Erforschung der räumlichen Ausdehnung und Struktur unseres Sternsystems von größter Bedeutung. Nicht nur die Stellarastronomie, auch die Astrophysik ist an der Beantwortung dieses Problems lebhaft interessiert: Helligkeiten, Farbtönungen usw. entfernter Sterne können durch Absorption verfälscht sein und müssen dementsprechend korrigiert werden.

Die Aufgabe, einen Höchstwert für die Absorption im Milchstraßengebiet zu bestimmen, ist zuerst von SEELIGER und KAPTEYN in Angriff genommen worden. KAPTEYN[1]) ging von der Annahme aus, daß die Sterndichte im Milchstraßensystem nach außen hin nicht erheblich zunehmen könne und erhielt unter dieser Voraussetzung für die Absorption einen Höchstwert von wenigen Tausendstel einer Größenklasse auf 1 pars. SEELIGER läßt nur einen erheblich kleineren Absorptionskoeffizienten gelten. Diese Lichtschwächung bezieht sich nur auf das Milchstraßensystem. Eine Untersuchung von LUNDMARK[2]) über die Flächenhelligkeit von Spiralnebeln setzte für die Absorption außerhalb des galaktischen Systems eine noch viel niedrigere obere Grenze fest. Für die Schwächung innerhalb unseres Systems hat neuerdings SCHALÉN[3]) eine obere Grenze von 0,002 mag/pars abgeleitet. TRÜMPLER[4]) findet dieses Ergebnis bestätigt und macht außerdem die Annahme, daß sich die Absorption nur auf eine dünne Schicht in der Hauptebene der Milchstraße erstreckt.

Eine solche Absorption kann mit Verfärbung verbunden sein, braucht es aber nicht. Lichtschwächung ohne Verfärbung wird durch gröbere Körper verursacht, deren Durchmesser die Wellenlänge des Lichtes erheblich übersteigt. Kleinere Teilchen bewirken mehr oder weniger starke Verfärbung. Nach den an der Breslauer Sternwarte ausgeführten „Untersuchungen über Diffusion des Lichtes"[5]) liegt bei Nichtmetallen die Grenze für Verfärbung bei Partikeldurchmessern von $3\lambda$. Zwischen $3\lambda$ und $1/3\lambda$ ist die Verfärbung unregelmäßig, bei noch kleineren Teilchen ergibt sich

---

[1]) A. J. **24**, 115, 1904. — [2]) M. N. **85**, 865, 1925. — [3]) Upsala Medd. **37**, 1928. — [4]) Lick. Bull. **14**, 154, 1930. — [5]) Mitteil. d. Sternwarte Breslau **3**, 54.

Verfärbung nach dem RAYLEIGHschen Gesetz, proportional $\lambda^{-4}$. Nur bei freien Elektronen und bei hochionisierten Gasen findet wiederum keine Verfärbung statt. Für Metalle können sich die oben angegebenen Grenzen etwas verschieben.

Die Annahme TRÜMPLERs, daß die Absorption auf eine dünne Schicht in der Milchstraßenebene beschränkt ist, wurde durch Arbeiten von STEBBINS und HUFFER[1]) weiter erhärtet. Diese Untersuchungen erstreckten sich auf Farbäquivalente von Kugelhaufen und von B-Sternen. In unmittelbarer Nähe des galaktischen Äquators zeigt sich Rotverfärbung, ein Zeichen, daß dort absorbierende Materie vorhanden ist. In höheren galaktischen Breiten konnte keine Veränderung des Sternenlichtes festgestellt werden. Für die Dicke der absorbierenden Schicht erhält STEBBINS 540 pars. Photographien von Spiralnebeln, also von Gebilden, die der Milchstraße wesensverwandt sind, zeigen durch dunkle Streifen in der Äquatorgegend dort ebenfalls kräftige Absorption. Bemerkenswert sind in diesem Zusammenhang noch die von HARTMANN[2]) 1904 in den Spektren der Sterne des Milchstraßensystems entdeckten „ruhenden Calciumlinien". HARTMANN fand, daß die $H$- und $K$-Linien in manchen Doppelsternspektren den Doppler-Effekt nicht zeigen. Er schloß daraus, daß irgendwo zwischen einem solchen Stern und uns eine Wolke existiert, die die erwähnten Absorptionen hervorruft. Später wurden in manchen Sternspektren außerdem noch ruhende $D$-Linien nachgewiesen, die aber stets erheblich schwächer waren. Während die $H$- und $K$-Linien das Vorhandensein einfach ionisierten Calciums ($Ca^+$) anzeigen, gehört die $D$-Linie dem neutralen Natrium an. EDDINGTON[3]) hat 1926 nachgewiesen, daß der weitaus größte Teil der Ca-Atome im interstellaren Raum doppelt ionisiert und somit zur Erzeugung der $H$- und $K$-Linie unfähig ist. Für die Möglichkeit des Zustandekommens der $D$-Linie liegen die Verhältnisse noch ungünstiger, was ja mit den Beobachtungsergebnissen gut in Einklang steht. Die relativen Konzentrationen haben nach seinen Angaben folgende Werte:

$$\frac{Ca}{Ca^+} = \frac{1}{300\,000}, \quad \frac{Ca^+}{Ca^{++}} = \frac{1}{400}, \quad \frac{Na}{Na^+} = \frac{1}{1\,000\,000}.$$

Aus diesen Verhältnissen erklärt sich zwanglos die geringe Intensität der genannten Linien. Aus dem Fehlen der Linien anderer Elemente darf man hiernach nicht schließen, daß diese Stoffe im interstellaren Raum nicht vorkommen, denn die Absorptionen solcher hochionisierter Gase, wie sie

---

[1]) Proc. Nat. Ac. of Sc. **19**, 22, 597. — [2]) Sitz. K. Akad. Wiss. Berlin 1904, S. 527. — [3]) London R. S. Proc. **111** A, 424, 1926.

dort zu erwarten sind, liegen meist so weit im Ultraviolett, daß sie nicht mehr erreichbar sind.

Soweit der experimentelle Tatbestand. In der vorliegenden Arbeit soll nun die Bildungsmöglichkeit dunkler Wolken im Kosmos theoretisch untersucht und von verschiedenen Seiten betrachtet werden. Zwei Kräfte sind es, denen dunkle Materie im Kosmos stets unterliegt: die Gravitation und der Strahlungsdruck (Str. Dr.). Für Partikelgrößen oberhalb einer gewissen Grenze ist der Str. Dr. der einfallenden Lichtmenge proportional. Bei Teilchen von der Größenordnung der Lichtwellen treten nach Schwarzschild[1]) und Debye[2]) kompliziertere Verhältnisse ein: Der Lichtdruck steigt zunächst erheblich an, um bei noch kleineren Teilchen rasch bis zur Unmerklichkeit zu sinken. Stud. phil. E. Hoffmann hat in ihrer Kandidatenarbeit untersucht, unter welchen Umständen sich in der Nähe eines Sternes von gegebener Masse und Temperatur dunkle Materie unter dem Einfluß von Strahlung und Gravitation halten kann. Da die Ergebnisse, zu denen E. Hoffmann gekommen ist, dieser Arbeit zugrunde liegen, sei die von ihr angewandte Methode kurz erläutert. Benutzt wurde die von Debye berechnete Kurve für die Funktion $V(a) = D/\pi \varrho^2 E$, die das Verhältnis des Strahlungsdruckes $D$ zur einfallenden Energie $\pi \varrho^2 E$ ausdrückt. $E$ ist dabei die pro Flächeneinheit einfallende Energie, $a = 2\pi \varrho/\lambda$.

Für monochromatische Strahlung von der Energiedichte $J$ erhält man:

$$D = \pi \varrho^2 J \cdot V.$$

Der gesamte Strahlungsdruck eines Sternes ist dann

$$D = \pi \varrho^2 \int_0^\infty J_\lambda V_\lambda \, d\lambda.$$

Die Energiedichte $J_\lambda$ für jede Wellenlänge liefert das Plancksche Gesetz. Durch mechanische Quadratur wurde der Wert von $D$ für Sterne vom Sonnendurchmesser und Masse aber von verschiedener Temperatur bestimmt. Die Rechnung wurde für Sterne mit folgenden Oberflächentemperaturen durchgeführt:

| 28 000° | 16 000° | 6000° |
|---------|---------|-------|
| 24 000  | 12 000  | 4000  |
| 20 000  | 8 000   | 3000  |

---

[1]) K. Schwarzschild, Sitzungsber. München **31**, 293, 1902. — [2]) P. Debye, Ann. d. Phys. (4) **30**, 57, 1909.

Das Maximum der Funktion $V(a)$ liegt bei $a = \dfrac{2\pi\varrho}{\lambda} = 1$, also $\lambda_{\max} = 2\pi\varrho$. Der Druck wurde für fünf verschiedene Partikelgrößen berechnet, nämlich für:

$$2\varrho = \frac{\lambda_{\max}}{30}, \quad 2\varrho = \frac{\lambda_{\max}}{6}, \quad 2\varrho = \frac{\lambda_{\max}}{3}, \quad 2\varrho = \frac{\lambda_{\max}}{1{,}5}, \quad 2\varrho = \frac{\lambda_{\max}}{0{,}3}.$$

Für die dazwischenliegenden $\varrho$-Werte konnte nunmehr der Str. Dr. durch graphische Interpolation ermittelt werden.

Der Verlauf von $V(a)$ ist nach Debye durch Tabelle 1 bestimmt:

Tabelle 1. Die Kurve von Debye.

| $a$ | $V(a)$ | $a$ | $V(a)$ | $a$ | $V(a)$ | $a$ | $V(a)$ |
|---|---|---|---|---|---|---|---|
| 0,0 | 0,00 | 1,0 | 2,45 | 2,4 | 1,46 | 3,8 | 1,19 |
| 0,2 | 0,05 | 1,2 | 2,31 | 2,6 | 1,40 | 4,0 | 1,18 |
| 0,4 | 0,16 | 1,4 | 2,10 | 2,8 | 1,35 | 4,2 | 1,16 |
| 0,6 | 0,55 | 1,6 | 1,93 | 3,0 | 1,30 | 4,4 | 1,15 |
| 0,7 | 1,00 | 1,8 | 1,77 | 3,2 | 1,26 | 4,6 | 1,14 |
| 0,8 | 1,78 | 2,0 | 1,67 | 3,4 | 1,23 | 4,8 | 1,13 |
| 0,9 | 2,40 | 2,2 | 1,57 | 3,6 | 1,20 | | |

Das Verhältnis $D/S$, wobei $S$ die auf das Teilchen wirkende Gravitationsbeschleunigung darstellt, hängt außerdem noch ab von der Masse $m$ des Sternes und von der Dichte $s$ des Partikels. Für einen Stern von Sonnenmasse, Sonnendurchmesser und -temperatur und für $s = 1$ erreicht $D/S$ im Maximum den Wert 10,3. In diesem Fall ist $2\varrho = 0{,}16\,\mu$. Für andere Verhältnisse variiert $D/S$ außerordentlich stark. Bei Sternen mit $T > 8000^0$ ist für alle Partikel, die Verfärbung hervorrufen, $D/S$ größer als 1. Bei Sterntemperaturen über $16000^0$ kann $D/S$ die Größenordnung $10^3$ erreichen. Nur bei Temperaturen zwischen 4000 und $8000^0$ kann ein Ausgleich zwischen Gravitation und Strahlung stattfinden, während bei $T < 4000$ die Anziehung immer überwiegt.

Auf Grund der von Frl. Hoffmann erhaltenen Ergebnisse wurde die Frage, inwieweit sich in der Umgebung von Sternen verfärbende Materie halten kann, in einer gemeinsamen Arbeit von Prof. E. Schoenberg [1]) und stud. phil. B. Jung weiter diskutiert. Zu diesem Zwecke wurden aus den Hoffmannschen Daten für Sterne von verschiedener Leuchtkraft und Temperatur die Partikelgrößen berechnet, für die $D/S$ gerade gleich 1 wird. Zur besseren Übersicht wurde ein Diagramm gezeichnet, das die

---

[1]) A. N. Nr. 5927, 1933.

Größe der genannten Teilchen für beliebige Sterndurchmesser und Temperaturen abzulesen gestattet. Durch Temperatur und Durchmesser ist die Leuchtkraft eines Sternes mitbestimmt. Es läßt sich also mit Hilfe des obenerwähnten Diagramms bestimmen, welche absolute Leuchtkraft ein Stern mit vorgegebener Masse und Temperatur haben darf, um Partikel, die RAYLEIGHsche bzw. irgendwelche Verfärbung hervorrufen, gerade noch halten zu können. Denn die Teilchendurchmesser, für welche diese Phänomene auftreten, sind ja — wenigstens für Nichtmetalle — bekannt.

In Tabelle 2 sind die betreffenden absoluten Größenklassen für Sterne verschiedener Temperatur und Masse eingetragen. Die obere Zahl jeder Doppelzeile gibt jeweils die absolute Größenklasse, bis zu welcher Verfärbung, die untere diejenige, bis zu welcher RAYLEIGHsche Absorption stattfinden kann. Sterne, die heller sind, deren absolute Größenklasse also kleiner ist als die kleinere der beiden Zahlen, lassen diese Phänomene nicht zu. Nun ist aber nach EDDINGTON[1]) die Leuchtkraft eines Sternes durch seine Masse bereits eindeutig bestimmt. Hiernach sind die absoluten Größenklassen berechnet worden, die zu den in der zweiten Zeile von oben stehenden Massen gehören, und in der obersten Zeile wiedergegeben. Die jeweilige Zahl in der obersten Zeile gibt also die tatsächliche absolute Größenklasse aller Sterne der betreffenden Spalte. Die obere Zeile in Tabelle 2 gibt die Leuchtkräfte, die zu den darunterstehenden Massen gehören.

Tabelle 2.

Leuchtkräfte und Massen, bei denen $D/S$ gerade gleich 1 wird.

| | $M = M(m)$ | 13 | 10,5 | 8,4 | 6,4 | 4,6 | 2,8 | 1,1 | −0,3 | −1,5 | −2,7 | −3,5 |
|---|---|---|---|---|---|---|---|---|---|---|---|---|
| | log $(m/m_\odot)$ | −0,8 | −0,6 | −0,4 | −0,2 | 0,0 | 0,2 | 0,4 | 0,6 | 0,8 | 1,0 | 1,2 |
| $s=1$ | $M$ $T=3000^0$ | 2,7 7,8 | 2,2 7,3 | 1,7 6,8 | 1,2 6,3 | 0,7 5,8 | 0,2 5,3 | −0,3 4,8 | −0,8 4,3 | −1,3 3,8 | −1,8 3,3 | −2,3 2,8 |
| | $K$ $T=4000^0$ | 5,5 8,2 | 5,0 7,7 | 4,5 7,2 | 4,0 6,7 | 3,5 6,2 | 3,0 5,7 | 2,5 5,2 | 2,0 4,7 | 1,5 4,2 | 1,0 3,7 | 0,5 3,2 |
| | $G$ $T=6000^0$ | 6,2 8,6 | 5,7 8,1 | 5,2 7,6 | 4,7 7,1 | 4,2 6,6 | 3,7 6,1 | 3,2 5,6 | 2,7 5,1 | 2,2 4,6 | 1,7 4,1 | 1,2 3,6 |
| | $F$ $T=8000^0$ | 6,5 8,9 | 6,0 8,4 | 5,5 7,9 | 5,0 7,4 | 4,5 6,9 | 4,0 6,4 | 3,5 5,9 | 3,0 5,4 | 2,5 4,9 | 2,0 4,4 | 1,5 3,9 |
| | $A$ $T=12000^0$ | 6,9 9,3 | 6,4 8,8 | 5,9 8,3 | 5,4 7,8 | 4,9 7,3 | 4,4 6,8 | 3,9 6,3 | 3,4 5,8 | 2,9 5,3 | 2,4 4,8 | 1,9 4,3 |
| | $A$ $T=16000^0$ | 7,2 9,6 | 6,7 9,1 | 6,2 8,6 | 5,7 8,1 | 5,2 7,6 | 4,7 7,1 | 4,2 6,6 | 3,7 6,1 | 3,2 5,6 | 2,7 5,1 | 2,2 4,6 |

---

[1]) A. S. EDDINGTON, Der innere Aufbau der Sterne, S. 185.

Ist nun die Leuchtkraft eines Sternes größer, die in der obersten Zeile stehende Zahl also kleiner als die nach Tabelle 2 zulässige, so kann sich in seiner Umgebung verfärbende Materie nicht halten. Unter Berücksichtigung, daß die EDDINGTONschen Leuchtkräfte noch um eine Größenklasse falsch sein können, wurden in Tabelle 2 die Gebiete umrandet, in denen Verfärbung möglich ist. Und zwar ist in den punktiert umrandeten Gebieten irgendwelche Verfärbung möglich, RAYLEIGHsche Absorption dagegen nur in den fest umrandeten. Die Tabelle liefert das überraschende Ergebnis, daß in der Umgebung von Sternen beträchtlicher Masse verfärbende Materie nur bei sehr tiefen Temperaturen angetroffen werden kann. Nur bei kleinen Massen darf die Temperatur erheblich sein (weiße Zwerge). Um ein Bild zu bekommen, ob verfärbende Materie große Gebiete im Weltenraum ausfüllen kann, ohne von dem Strahlungsdruck der Giganten fortgeschleudert zu werden, haben wir die Untersuchung auf das Gebiet der sonnennahen Sterne ausgedehnt. Aus der Arbeit von HAAS: „Die nächsten Sterne" wurde Leuchtkraft und Spektraltypus aller bekannten Sterne bis zu 15 pars Sonnenabstand entnommen und in ein RUSSELL-Diagramm eingetragen, das in Tabelle 3 wiedergegeben ist. Die Gesamtzahl der Sterne — Doppelsternkomponenten einzeln gezählt — beträgt 324. Kein einziger Stern ist heller als — 0,5 abs. und nur vier sind heller als 1,0. Dabei sind die Zwerge später Spektraltypen bei weitem noch nicht vollzählig erfaßt. Nur bei den links von der gestrichelten Grenze liegenden Sternen — im ganzen 10 — ist keine Verfärbung möglich. Rechts von der ausgezogenen Grenze liegt das Gebiet der RAYLEIGHschen Absorption.

*Gravitation und Strahlung in der Nachbarschaft der Sonne.*

Da ich in der vorliegenden Arbeit die Bildungsmöglichkeit dunkler Wolken im interstellaren Raum untersuchen möchte, erscheint es mir angebracht, die Verhältnisse zunächst für die Nachbarschaft der Sonne noch näher zu prüfen.

Denn nur hier kennen wir die Massen und Leuchtkräfte der Sterne, auf die es ankommt, einigermaßen vollständig. Ich beschränke mich dabei wiederum auf Entfernungen bis zu 15 pars und benutze wieder die Daten von HAAS. Das Verhältnis $D/S$ läßt sich für jeden einzelnen Stern wie folgt bestimmen:

Kennt man Entfernungen und scheinbare Helligkeit, so folgt daraus die absolute Leuchtkraft $L$. Die absolute Leuchtkraft der Sonne ist ebenfalls bekannt. (Sie ist hier zu $4^M\!.8$ angenommen worden). Folglich kann $L/L_\odot$ für jeden Stern bestimmt werden.

Über die Existenzmöglichkeit absorbierender Materie im Kosmos. 7

Tabelle 3. Russell-Diagramm der nächsten Sterne.

| | $B_0$ | $A_0$ | $A_5$ | $F_0$ | $G_0$ | $K_0$ | $M_0$ | $M_5$ | Spektr. unbek. | Summe |
|---|---|---|---|---|---|---|---|---|---|---|
| $0^M$ | | | | | 1 | 1 | | | | 2 |
| $1^M$ | | 1 | | | | 1 | | | | 2 |
|   | | | | | | | | | | 0 |
| $2^M$ | | 2 | 2 | | | 2 | | (1) | | 6 |
|   | | | 2 | 1 | 1 | 1 | | | | 5 |
| $3^M$ | | 3 | 2 | 3 | | 2 | 1 | | | 11 |
|   | | 1 | 1 | 3 | 1 | 2 | 1 | 1 | | 10 |
| $4^M$ | | 1 | 1 | | 6 | 1 | 1 | 1 | 1 | 12 |
|   | | | | 3 | 10 | 1 | | | | 14 |
| $5^M$ | 1 | | | | 10 | 7 | 4 | | 2 | 23 |
|   | | | 1 | | 6 | 10 | 4 | | 1 | 23 |
| $6^M$ | | | | 3 | 11 | 8 | 3 | 1 | 1 | 27 |
|   | | | | 1 | 6 | 6 | 5 | | 3 | 21 |
| $7^M$ | | 1 | | 1 | 1 | 11 | 12 | 2 | 1 | 27 |
|   | | | | | 1 | 3 | 11 | | 6 | 22 |
| $8^M$ | | | | | | 8 | 3 | | 2 | 13 |
|   | | | | | | 6 | 1 | | 2 | 9 |
| $9^M$ | | | | 1 | | 1 | 2 | 5 | 3 | 11 |
|   | | | | | | 1 | 5 | 3 | 2 | 12 |
|   | | | | | | | | 2 | | |
| $10^M$ | | | | | | 2 | 5 | 3 | 5 | 15 |
|   | | | | | | | 5 | 3 | 7 | 15 |
| $11^M$ | | | | | | | 3 | 2 | 2 | 7 |
|   | | | | | | | 1 | 2 | 4 | 8 |
|   | | | | | | | | 1 | | |
| $12^M$ | | 1 | | 1 | | | | 2 | 8 | 12 |
|   | | | | | | 1 | 1 | 1 | 1 | 4 |
| $13^M$ | | | | | | | | | 3 | 3 |
|   | | | | | | | | | 2 | 2 |
| $14^M$ | | | | | | | | 2 | 3 | 5 |
| $15^M$ | | | 1 | | | | | | | 1 |
| $16^M$ | | | | | | | | | 1 | 1 |
|   | | | | | | | | | 1 | 1 |

Der Spektraltypus liefert die genäherte Oberflächentemperatur $T$, und zwar wurde angenommen:

für einen M-Stern   3000°
       K-Stern   4000
       G-Stern   6000
       F-Stern   8000
       A-Stern  12000

Alle Sterne von $B_6$ bis $A_5$ haben dabei den Typus A erhalten usw. B-Sterne kommen dann in dem vorliegenden Material nicht mehr vor.

Hat man so $L$ und $T$ bestimmt, so kann die Oberfläche $O$ berechnet werden. Denn bekanntlich ist die Leuchtkraft proportional der Oberfläche und — nach dem STEFANschen Gesetz — der vierten Potenz der Temperatur. Es ist also
$$\frac{L}{L_\odot} = \frac{O}{O_\odot} \cdot \left(\frac{T}{T_\odot}\right)^4$$
oder
$$O = \frac{L}{L_\odot} \cdot \left(\frac{T_\odot}{T}\right)^4 \cdot O_\odot.$$

$O/O_\odot$ wurde für jeden Stern berechnet. Desgleichen wurde $m/m_\odot$ in jedem Falle mit Hilfe der EDDINGTONschen Massenleuchtkraftkurve bestimmt. Die Werte von $D/S$ für verschiedene Partikelgrößen und für Sterne von Sonnenoberfläche und Sonnenmasse wurden aus der Arbeit von Frl. HOFFMANN entnommen. Ist nun $\overline{D}$ der gesamte Strahlungsdruck, der von dem als kugelförmig vorausgesetzten System der nächsten Sterne auf ein Partikel ausgeübt wird, und $\overline{S}$ die entsprechende Anziehung, so ist unter der Annahme, daß bei jedem Stern $m = m_\odot$ ist:

$$\frac{\overline{D}}{\overline{S}} = \frac{\sum \frac{D}{S} \cdot \frac{O}{O_\odot}}{N},$$

$N = 324 =$ Anzahl der Sterne. Da die Voraussetzung $m = m_\odot$ nicht zutrifft, muß $N$ ersetzt werden durch $\sum m/m_\odot$. Der gesuchte Ausdruck ist also:

$$\frac{\overline{D}}{\overline{S}} = \frac{\sum \frac{D}{S} \cdot \frac{O}{O_\odot}}{\sum \frac{m}{m_\odot}}.$$

Tabelle 4 veranschaulicht diese Verhältnisse.

Tabelle 4. Strahlungsdruck im Bereich der nächsten Sterne.

| $2\varrho$ | $\sum \frac{D}{S} \cdot \frac{O}{O_\odot}$ | $\frac{\overline{D}}{\overline{S}}$ |
|---|---|---|
| $0,08\,\mu$ | 5278 | 27,5 |
| 0,2 | 4170 | 22,2 |
| 0,4 | 2101 | 11,2 |
| 0,8 | 869 | 4,6 |
| 2,0 | 280 | 1,5 |

Wie man sieht, überwiegt die Strahlung für die betrachteten Partikel stets; allerdings sind die schwächeren Sterne nur sehr lückenhaft erfaßt. Außerdem kann der Wert von $\overline{D/S}$ noch durch den Einfluß diffuser Materie herabgedrückt werden. Diese Faktoren dürften aber kaum ausreichen, um $\overline{D/S}$ für Partikel von der Größenordnung der Lichtwellen kleiner als Eins zu machen. Es ist also sehr wohl anzunehmen, daß ein Teil der verfärbenden Materie durch den Lichtdruck ausgestoßen wird. Für das Gebiet $2\varrho < 0{,}08\,\mu$ konnte die Rechnung nicht in der gleichen Weise durchgeführt werden, da die Arbeit von E. Hoffmann die erforderlichen Daten nicht enthält. Hier gilt nach Debye[1]) die Formel:

$$\frac{D}{E} = \frac{294}{3}\pi^5\frac{a^6}{\lambda^4}.$$

$E$ ist die pro cm² und sec ausgestrahlte Energie. Die Rechnung wurde so durchgeführt, als ob jeweils nur die effektive Wellenlänge ausgestrahlt würde. Die $D/S$ werden dabei zu klein, da bei dem raschen Abfall des Druckes mit wachsender Wellenlänge die kurzwelligen Strahlen einen größeren Beitrag als die langwelligen liefern. Es wurden folgende Werte erhalten:

Tabelle 5. **Strahlungsdruck für kleine Partikel.**

| $\varrho$ | $\overline{D/S}$ |
|---|---|
| 0,01 | 0,21 |
| 0,001 | 0,00021 |

Wie man sieht, sinkt $\overline{D/S}$ in der Gegend von $\varrho = 10^{-2}\,\mu$ unter 1. Für noch kleinere Partikel wird der Lichtdruck bald unmerklich. Solche Materie unterliegt nur der Gravitation und kann sich an jeder Stelle des Universums halten. Letzteres gilt nur für feste und flüssige Substanzen.

Die Wirkung des Lichtdruckes auf Gase ist von Baade und Pauli[2]) behandelt worden. Die Verfasser fanden für $D/S$ die Formel:

$$\frac{D}{S} = 9{,}69\cdot 10^{-8}\cdot\frac{1}{M\lambda^3}\cdot e^{-\frac{1{,}430}{\lambda T}}.$$

Dabei ist:

$T$ die Temperatur der Lichtquelle, wobei das Wiensche Strahlungsgesetz zugrunde gelegt ist,

$M$ das Molekulargewicht des Gases,

$\lambda$ die Wellenlänge der betreffenden Resonanzlinie.

---

[1]) Ann. d. Phys., 4. Folge, Bd. 30. — [2]) Naturwissensch. **15**, 49, 1927.

$D/S$ kann sehr hohe Werte annehmen; es steigt insbesondere für ionisierte Gase stark an. Für $CO^+$-Moleküle, die sich unter dem Einfluß der Sonnenstrahlung befinden, erhält man beispielsweise $D/S = 38$, ein Wert, der bei festen Stoffen nicht erreicht wird. Gase unterliegen also dem Lichtdruck sehr ungleichmäßig; letzterer kann sehr hohe Werte annehmen.

*Betrachtungen über Absorption und Dichte interstellarer Materie.*

EDDINGTON[1]) hat auf dynamischem Wege eine maximale Dichte für die Materie im galaktischen System errechnet. Er ersetzt die Milchstraße durch ein gleichförmig mit Masse gefülltes Kontinuum. Auf jeden Stern im Innern des Kontinuums wirkt dann in erster Näherung eine quasielastische Kraft, unter deren Einfluß er um das Zentrum des Systems rotiert. Die Umlaufzeit ist bei diesen Voraussetzungen für alle Sterne im Innern der Milchstraße nahezu die gleiche. Sie hängt nur von der mittleren Dichte ab, ist also insbesondere unabhängig von den linearen Dimensionen des Systems. Je größer die Dichte, desto schneller müssen sich die Sterne bewegen. Der Verfasser findet eine durchschnittliche Dichte von $10^{-23}$ g/cm³ mit den beobachteten Bahngeschwindigkeiten in Einklang. Eine erheblich größere Dichte hält er nicht für möglich. Die Zahl $10^{-23}$ bezieht sich natürlich auf Sterne und diffuse Materie zusammen. Wie groß die Anteile der beiden Komponenten sind, ist nicht bekannt. Der Wert dieser Betrachtung erscheint jedoch fragwürdig, da die beobachteten Geschwindigkeiten Relativgeschwindigkeiten zur Sonne und nicht zum Zentrum des Systems sind. Letztere können durchaus größer sein, und es spricht manches dafür, daß sie einige 100 km/sec betragen. Es erhebt sich nun die Frage nach der Natur der absorbierenden Materie. Wir wollen folgende drei Möglichkeiten unterscheiden:

    1. gasförmige Materie,
    2. feste verfärbende Materie,
    3. feste nicht verfärbende Materie.

Wir wollen für die drei Fälle abschätzen, welche Dichte erforderlich wäre, um eine Absorption von 0,3 mag/kpars hervorzurufen.

    1. Die Absorption der Gase hat drei Ursachen:
        a) Absorption durch Resonanzlinien,
        b) RAYLEIGHsche Streuung,
        c) Absorption durch freie Elektronen.

---

[1]) A. S. EDDINGTON, Innerer Aufbau der Sterne, S. 464ff.

Ursache a) liefert praktisch keinen Beitrag. b) ist ein Beugungsphänomen und darstellbar durch die Formel:

$$q = e^{-\beta \lambda^{-4}}, \quad \beta = \frac{32}{3} \pi^3 \cdot \frac{(m-1)^2 \cdot H \cdot r^2}{N},$$

wobei $q$ der Transmissionskoeffizient zwischen einem Stern und uns, $m$ der Brechungsindex des Gases bei der Dichte 1, $r$ die Dichte, $H$ die Dicke der Schicht und $N$ die Anzahl der Partikel in der Volumeneinheit ist.

Nun entspricht $p = 0{,}3$ mag/kpars einem $\beta = 16 \cdot 10^{-19}$ pro kpars, für die irdische Atmosphäre ist aber $\bar\beta = 8{,}4 \cdot 10^{-19}$. Nimmt man nun an, daß das Gas im Weltenraume ähnlich zusammengesetzt ist wie unsere Lufthülle, daß es also insbesondere das gleiche $m$ besitzt, so kann man schreiben:

$$\frac{\beta}{\bar\beta} = \frac{r}{\bar r} \cdot \frac{H}{\bar H},$$

denn bei gleichartigen Gasen verhalten sich die $\beta$ wie die optischen Weglängen. Dabei ist:

$r\ $ = Dichte der interstellaren Materie,
$\bar r\ $ = Dichte der irdischen Atmosphäre in Meereshöhe,
$H = 1$ kpars,
$\bar H = 8$ km.

Hieraus erhält man

$$r = \frac{\beta}{\bar\beta} \cdot \frac{\bar H}{H} \cdot \bar r,$$

woraus folgt

$$r = 2{,}1 \cdot 10^{-22} \text{ g/cm}^3.$$

Diese Dichte wurde also unter alleiniger Berücksichtigung von Prozeß b) erhalten. Aber nur bei schwach ionisierten Gasen ist die Vernachlässigung von c) statthaft. Bei hoher Ionisation kann c) überwiegen.

2. Für feste oder flüssige selektiv absorbierende Materie gelten ebenfalls die Formeln

$$q = e^{-\beta \lambda^{-4}}, \quad \beta = \frac{32}{3} \pi^3 \frac{(m-1)^2 \cdot H r^2}{N}.$$

$m$ ist hier der Brechungsquotient der festen oder flüssigen Substanz. Die anderen Größen sind wie oben definiert. Nimmt man $m = 1{,}5$ an, so erhält man folgende Werte:

$$\varrho = 10^{-6} \text{ cm}, \quad r = 1{,}8 \cdot 10^{-24} \text{ g/cm}^3,$$
$$\varrho = 10^{-5} \text{ cm}, \quad r = 1{,}8 \cdot 10^{-27} \text{ g/cm}^3.$$

Im Einklang mit Mie[1]) finde ich also, daß die Absorption bei gleichbleibender Konzentration proportional dem Teilchenvolumen ist. Das gilt nur im Gebiet der Rayleighschen Streuung, da bei größeren Teilchen die für $\beta$ benutzte Formel nicht mehr gilt. Mie[1]) findet, daß bei Überschreitung der Rayleighschen Grenze das Ansteigen der Absorption sich verlangsamt und letztere schließlich — für sehr grobe Teilchen — wieder sinkt.

3. Bei so grober Materie spielt Beugung keine wesentliche Rolle mehr. Die Lichtschwächung ist hier ein reines Abschattungsphänomen. Zwecks Abschätzung des Abschattungseffektes denke ich mir eine quadratische Säule mit der Grundkante 1 und der Höhe 1000 pars. Alle darin befindlichen Teilchen denke ich auf die hintere Grundfläche verschoben. Dann ist der Gesamtquerschnitt aller Partikel geteilt durch den Querschnitt der hinteren Fläche dem Absorptionskoeffizienten des Mediums gleich. Voraussetzung ist, daß die gegenseitige Abschattung der Partikel vernachlässigt werden kann. Praktisch ist das bei einer Absorption von $0^M,3$ der Fall.

Der Teilchendurchmesser sei $2\varrho$. Die Anzahl der Partikel in einem cm³ ist dann:

$$x = \frac{1-q}{\pi \varrho^2} \cdot \frac{1\,\text{cm}}{1\,\text{kpars}},$$

wobei $x$ die Anzahl der Teilchen, $\pi \varrho^2$ der Querschnitt eines Teilchens und $q$ der Transmissionskoeffizient des Mediums auf 1000 pars ist. Für die erforderlichen Dichten erhält man folgende Werte:

$$\varrho = 10^{-3}\,\text{cm}, \quad r = 3{,}8 \cdot 10^{-26},$$
$$10^{-2}\,\text{„}\,, \quad 3{,}8 \cdot 10^{-25},$$
$$10^{-1}\,\text{„}\,, \quad 3{,}8 \cdot 10^{-24},$$
$$1\,\text{„}\,, \quad 3{,}8 \cdot 10^{-23}.$$

Zusammenfassend kann gesagt werden:

Bei Annahme einer höchstzulässigen Dichte von $10^{-23}$ g/cm³ kann sehr wohl die gesamte beobachtete Absorption von 0,3 mag/kpars von Gasen herrühren. Diese müssen dann aber hochionisiert sein und es darf sich keine Verfärbung zeigen!

Feste oder flüssige Materie von geeigneter Partikelgröße kann in außerordentlich hoher Verdünnung, weit unterhalb der höchstzulässigen Dichte, die beobachtete Absorption und Verfärbung hervorrufen. Die erforderliche Dichte ist weit geringer als bei Lichtschwächung durch Gase. Jedoch wird die stärkste Lichtschwächung gerade von solcher Materie

---

[1]) Ann. d. Phys., 4. Folge, **25**, 416.

bewirkt, die dem Lichtdruck in besonders hohem Maße unterliegt. Auch recht grobe Teilchen, die dem Str. Dr. nicht mehr unterworfen sind, können für die Lichtschwächung verantwortlich sein. Selbst in diesem Falle braucht die zulässige Maximaldichte nicht in Anspruch genommen zu werden. Eine Verfärbung findet in dem Fall nicht statt. Ob die wirksame Materie vorwiegend fest flüssig oder gasförmig ist, läßt sich durch diese Überlegungen nicht entscheiden. Auch die wirkliche Dichte der fraglichen Materie läßt sich auf diese Weise nicht ermitteln. Nur soviel kann man sagen, daß verfärbende feste oder flüssige Materie sicher mit im Spiele ist und daß die Dichte des absorbierenden Mediums einige Zehnerpotenzen unter der maximalen Dichte von $10^{-23}$ g/cm liegen kann.

Einen etwas spezielleren Fall hat SCHALÉN[1]) diskutiert. Nach seiner Ansicht besteht die absorbierende Materie vorwiegend aus festen Eisenpartikeln. Solche Eisenteilchen streuen, wenn sie klein genug sind, nahezu nach dem RAYLEIGHschen Gesetz. Handelt es sich um Kügelchen, so liegt die Grenze etwa bei $\varrho = 10$ mµ. Bei größeren Partikeln nimmt die Verfärbung rasch ab und verschwindet bei etwa $\varrho = 70$ mµ vollständig. Sehr auffällig ist, daß sich schon bei Partikelgrößen, für die bei Nichtmetallen das RAYLEIGHsche Gesetz noch gilt, keine Spur von Verfärbung mehr zeigt. Allerdings ist die Rechnung nicht weiter als bis $\varrho = 100$ mµ durchgeführt, und es ist nicht sicher, ob nicht bei größeren Teilchendurchmessern wieder Verfärbung eintritt. SCHALÉN gelangt in der erwähnten Arbeit zu dem Schluß, daß die Materie eine Dichte von $r = 0{,}4 \cdot 10^{-26}$ g/cm³ besitzt und daß der Teilchendurchmesser auf Grund der beobachteten Verfärbung etwa $2\varrho = 50$ bis 100 mµ ist.

*Potential und Anziehung in der Milchstraße und im Kugelhaufen M 13.*

Über die wahre Ausdehnung des Milchstraßensystems ist man sich heute noch nicht recht im klaren. Noch vor kurzem hielt man einen Radius des Systems von 25 kpars für wahrscheinlich. Dieser Wert war mit Hilfe der schwächsten noch erreichbaren Sterne abgeleitet worden, und zwar unter der Voraussetzung, daß eine Schwächung des Sternenlichtes nicht stattfindet. Unter Berücksichtigung der Lichtschwächung verringern sich die Entfernungen der schwächsten beobachteten Sterne ganz erheblich. Der Wert der Absorption ist noch nicht hinreichend genau ermittelt. Man kann aber mit Hilfe der obenerwähnten Zählungen schwacher Sterne eine obere Grenze für ihn angeben. Setzt man ihn nämlich Null, so fällt die

---

[1]) Upsala Medd. **58**, 1933.

Dichte von uns aus nach dem Rande zu stark ab. Bei einem Werte von 0,3 pro kpars wird nach Bock[1]) die Dichte nahezu konstant, während bei noch stärkerer Absorption eine Dichtezunahme nach außen hin eintreten würde. Letzteres ist unwahrscheinlich. Bock folgert daraus, daß der wahre Wert von $p$ in der Nähe von 0,3 mag/kpars liegen wird. Er erhält bei dieser Annahme für den Radius des Systems 10 kpars. Dieser Wert wurde im folgenden benutzt. In Richtung senkrecht zum galaktischen Äquator reicht das System nicht annähernd so weit. Man kann das System also genähert darstellen als eine flache Scheibe oder, für analytische Untersuchungen bequemer, als ein stark abgeplattetes Rotationsellipsoid. Für beide Fälle wurde die Rechnung durchgeführt.

1. Das System wird genähert dargestellt als Zylinder mit dem Radius $r = 10$ kpars und der Höhe $h = 1$ kpars und der Dichte $d = 2 \cdot 10^{-24}$ g/cm³.

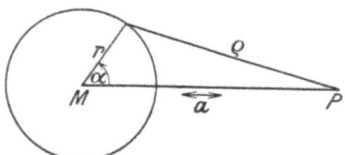

Abb. 1. Potential eines Kreisringes.

Für die Rechnung wurde dieser Zylinder als gleichmäßig mit Masse belegte Scheibe betrachtet, die Höhe wurde also gegenüber den beiden anderen Dimensionen vernachlässigt. Die Scheibe wurde in unendlich viele und unendlich schmale Kreisringe zerlegt. Das Potential eines solchen Ringes mit der Flächendichte $= 1$ läßt sich folgendermaßen durch das vollständige elliptische Integral erster Gattung ausdrücken:

$$\varphi' = \int \frac{ds}{\varrho}, \quad ds = r\,d\alpha, \quad \varrho = \sqrt{a^2 + r^2 - 2ar\cos\alpha},$$

$$\varphi' = 2r\int_0^\pi \frac{d\alpha}{\sqrt{a^2 + r^2 - 2ar\cos\alpha}} = 2r\int_0^\pi \frac{d\alpha}{\sqrt{(a+r)^2 - 4ar\cos^2\frac{\alpha}{2}}}, \quad \alpha = 2\beta,$$

$$\varphi' = 4r\int_0^{\pi/2} \frac{d\beta}{\sqrt{(a+r)^2 - 4ar\cos^2\beta}} = 4r\int_0^{\pi/2} \frac{d\alpha'}{\sqrt{(a+r)^2 - 4ar\sin^2\alpha'}}, \quad \alpha' = \frac{\pi}{2} - \beta,$$

$$\varphi' = \frac{4r}{a+r}\int_0^{\pi/2} \frac{d\alpha'}{\sqrt{1 - \frac{4ar}{(a+r)^2}\sin^2\alpha'}} = \frac{4r}{a+r}\int_0^{\pi/2} \frac{d\alpha'}{\sqrt{1 - k^2\sin^2\alpha'}} = \frac{4r}{a+r} \cdot K(k).$$

---

[1]) H. C. 371.

Wie man sieht, hängt $\dfrac{4r}{a+r}$ und $K$, und somit auch $\varphi'$ nur von dem Verhältnis $q/r$ ab. Das erleichtert die numerische Berechnung des Potentials der gesamten Scheibe für Aufpunkte in verschiedenen Abständen vom Zentrum erheblich. Man hat die Rechnung nur für einen Aufpunkt durchzuführen und erhält die Werte für alle anderen Aufpunkte durch Abänderung der Grenzen, innerhalb deren integriert wird. Die Integration wurde nach der SIMSONschen Regel durchgeführt, wobei die Intervalle $\varDelta$ folgendermaßen festgelegt wurden:

Tabelle 6.
Übersicht über die benutzten Integrationsintervalle.

| $a/r$ | $\varDelta$ | $a/r$ | $\varDelta$ |
|---|---|---|---|
| 0—0,1 | 0,025 | 4,0—10,0 | 0,5 |
| 0,1—1,0 | 0,05 | 10,0—20,0 | 1,0 |
| 1,0—2,0 | 0,1 | 20,0—40,0 | 2,0 |
| 2,0—4,0 | 0,2 | | |

Die Potentialwerte wurden für sieben Aufpunkte zwischen 0 und 10 kpars ermittelt. Daraus wurde ferner die mittlere Schwerkraft $\gamma$ zwischen je zwei Aufpunkten durch Gradientenbildung bestimmt. Die errechneten Werte sind folgende:

Tabelle 7.
$\varphi$ und $\gamma$ für das scheibenförmige Modell des Milchstraßensystems.

| $a$ | $\varphi \cdot 10^{-12}$ | $\gamma \cdot 10^{10}$ |
|---|---|---|
| 0   kpars | 79,47 | |
| 0,25 | 79,28 | 2,5 |
| 0,50 | 79,07 | 2,7 |
| 1,0 | 78,57 | 3,2 |
| 2,5 | 76,47 | 4,6 |
| 5,0 | 70,74 | 7,4 |
| 10,0 | 47,91 | 14,8 |

wobei $\varphi$ und $\gamma$ in cgs-Einheiten gemessen sind. Die wirkenden Kräfte sind also in der Mitte ziemlich klein und wachsen nach außen annähernd gleichmäßig an.

2. Zum Vergleich wurden auch die Werte von $\gamma$ berechnet, wenn man ein stark abgeplattetes Rotationsellipsoid zugrunde legt. Nach CHASLES

erhält man die Gravitation — oder auch die Strahlung — für äußere Aufpunkte durch folgende Formeln:

$$\gamma_x = -2\pi k^2 \left(\frac{A}{B}\right)^2 \frac{x}{\lambda^3} q \cdot d, \quad q = \operatorname{arctg}\left(\lambda \frac{B}{y}\right) - \frac{\lambda B y}{y^2 + \lambda^2 B^2},$$

$$\gamma_y = -4\pi k^2 \left(\frac{A}{B}\right)^2 \frac{y}{\lambda^3} p\, d, \quad p = \frac{\lambda B}{y} - \operatorname{arctg} \frac{\lambda B}{y},$$

dabei ist:
$$\lambda^2 = \frac{A^2 - B^2}{B^2}$$

und $p, q$ sind aus bekannten Größen gebildete Hilfsgrößen. Dabei ist $\gamma_x$ Schwerkraft in der Äquatorebene im Abstand $x$ vom Zentrum, $\gamma_y$ Schwerkraft in der kleinen Achse im Abstand $y$ vom Zentrum, $A, B$ Achsen des Ellipsoids. $x$ und $y$ sind folgendermaßen definiert: $x$ ist der Abstand eines Aufpunktes in der Äquatorebene vom Zentrum; $y$ ist dann die kleine Achse des Ellipsoids, das durch den Aufpunkt geht und mit dem betrachteten Ellipsoid konfokal ist. Für einen Aufpunkt in der kleinen Achse ist $y$ einfach der Aufpunkt vom Zentrum. Rückt der Aufpunkt in die Oberfläche, so gehen die Formeln über in:

$$\gamma_x = -2\pi k^2 \cdot \frac{A^2}{B^2} A\, d\, \frac{q}{\lambda^3}, \quad q = \operatorname{arctg} \lambda - \frac{\lambda}{1+\lambda^2},$$

$$\gamma_y = -4\pi k^2 \frac{A^2}{B^2} B\, d\, \frac{p}{\lambda^3}, \quad p = \lambda - \operatorname{arctg} \lambda.$$

Um die Wirkung für innere Aufpunkte zu bestimmen, denkt man sich das Ellipsoid in ineinandergeschachtelte, ähnliche Ellipsoide zerlegt. Der innere Aufpunkt liegt dann jedenfalls auf einer solchen Schicht, die der Oberfläche des ganzen Ellipsoids ähnlich ist. Die Schichten außerhalb des Aufpunktes spielen dann bei der Gravitation (und Strahlung) keine Rolle; man kann also wieder die Formeln für den Aufpunkt an der Oberfläche benutzen, selbstverständlich mit anderen $A$ und $B$. Es ergibt sich aus den Formeln sofort, daß die Anziehung radial nach innen gerichtet und direkt proportional dem Abstande vom Zentrum ist, also ähnlich wie im Innern einer homogenen Kugel. Wählt man die Abplattung des Ellipsoids klein, so daß auch $\lambda \gg 1$, dann ist $p$ und $q$ nach $\lambda$ entwickelbar. Führt man das aus und bildet $\gamma_x$ und $\gamma_y$ für die Oberfläche des Ellipsoids, so findet man, daß für kleine Abplattung die Gravitation an den Polen größer ist als am Äquator. Bei sehr starker Abplattung kann es umgekehrt werden. Da nun, wie man sieht, die Punkte gleicher Anziehung ebenfalls auf einem Ellipsoid liegen, so folgt ferner: Bei einer bestimmten Abplattung fallen die Flächen gleicher

Anziehung (und gleicher Strahlung) mit den Schalen des Ellipsoids zusammen. In diesem Falle ist also die Gravitation am Äquator und an den Polen gleich groß. In dem Falle muß die Beziehung erfüllt sein:

$$\frac{A}{B} = \frac{p}{q} = \frac{\lambda - \operatorname{arctg}\lambda}{\operatorname{arctg}\lambda - \dfrac{\lambda}{1+\lambda^3}}.$$

Die Berechnung wurde für zwei verschiedene Modelle durchgeführt, und zwar:

a) $A = 10$ kpars, $B = 0{,}75$ kpars, $d = 2 \cdot 10^{-24}$ g/cm,

b) $A = 10$ „ , $B = 1{,}50$ „ , $d = 2 \cdot 10^{-24}$ „ .

Im Falle a) erhält man die gleiche Masse wie in dem Scheibenmodell, nämlich $1{,}9 \cdot 10^9 \, m_\odot$, im Falle b) erhält man die doppelte Masse, also $3{,}8 \cdot 10^9 \, m_\odot$. Für die Gravitation in der Äquatorebene wurden folgende Werte in cgs-Einheiten erhalten:

Tabelle 8. **Die Gravitation in den Milchstraßenmodellen $a$ und $b$.**

| Modell a | | Modell b | |
|---|---|---|---|
| $a = 1$ kpars | $\gamma_x = -\ 2{,}75 \cdot 10^{-10}$ | $a = 1$ kpars | $\gamma_x = 5{,}10 \cdot 10^{-10}$ |
| $a = 10$ kpars | $\gamma_x = -\ 27{,}5\ \cdot 10^{-10}$ | $a = 10$ kpars | $\gamma_x = 51 \cdot 10^{-10}$ |

Die in a) erhaltenen Werte stimmen mit den in 1. erhaltenen der Größenordnung nach gut überein. Für b) sind die Kräfte, wie zu erwarten, etwas größer. Die Kräfte sind nicht groß. Stimmt die Verteilung mit der in der Nähe unserer Sonne annähernd überein, so können für passend ausgewählte Partikel die Kräfte (Strahlungsdruck) auf das 30fache der hier mitgeteilten Werte anwachsen. Außerdem ist die angesetzte Dichte recht unsicher. Bei diesen Überlegungen ist stillschweigend vorausgesetzt, daß die Leuchtkräfte im galaktischen System ebenso wie die Massen verteilt sind. Ist die Verteilung für beide Größen verschieden, so können sich die Verhältnisse erheblich ändern. Wären z. B. die großen Leuchtkräfte bei annähernd gleicher Massendichte mehr an den Rändern des Systems verteilt, so könnte im Innern die Gravitation den Str. Dr. überwiegen. Eine solche Verteilung ist jedoch unwahrscheinlich. Die statistische Mechanik fordert, daß die großen Massen, die in diesem Fall Träger der großen Leuchtkräfte wären, gerade im Innern des Systems liegen. Bei den weiter unten zu besprechenden Kugelhaufen ist diese Verteilung ja auch gewährleistet. Die Wirkung des Lichtdruckes kann aber auch noch durch einen anderen Einfluß herabgemindert sein; nämlich dadurch, daß im Innern des Systems die Masse der diffusen Materie im Vergleich zu derjenigen der leuchtenden Sterne sehr groß — etwa von der Größenordnung 50 — wird[1]) Ist die Materie gasförmig oder sehr grob (Meteore), so braucht sie sich (siehe die diesbezüglichen Rechnungen) nicht einmal durch übermäßig starke Extinktion zu verraten. Solche Verdichtungen liegen also durchaus im Bereiche der Möglichkeit. Man kommt also zu dem Schluß, daß die diffuse Materie dem Einfluß der Strahlung entzogen ist, wenn sie nur eine hinreichend große Mächtigkeit besitzt.

Es spricht ferner vieles dafür, daß von der Mitte des Systems aus in allen Richtungen die äußersten Partien in der Äquatorebene gar nicht sichtbar sind. Soweit das stimmt, hat der Strahlungsdruck im Innern des Systems — dieses als homogen betrachtet — nur eine Komponente senkrecht zum Äquator; denn in der Ebene desselben ist die Strahlung dann in allen Richtungen gleich stark. In einem inhomogenen System kann man jedenfalls keine vorherrschende Richtung angeben; der Strahlungsdruck kann ebensogut nach innen wie nach außen wirken.

Zusammenfassend kann man also über das galaktische System folgendes aussagen: Diffuse Materie kann sich um so besser halten, je mehr von ihr vorhanden ist und je näher sie sich dem galaktischen Äquator befindet. Letzteres dürfte mit ein Grund dafür sein, daß die Gegend um den galaktischen Pol herum extinktionsfrei ist. Auch außergalaktische Nebel, die wir von der schmalen Kante sehen (Spindelnebel) zeigen im Äquator starke Absorption.

Über die Dichteverteilung in den kugelförmigen Sternhaufen wissen wir besser Bescheid als in der Milchstraße, weil wir sie aus dem großen Abstand besser übersehen können. In den Kugelhaufen zeigen sich bei schwachen optischen Hilfsmitteln zunächst einige hundert gelbe bis gelbweiße Sterne; es sind Übergiganten. Instrumente von stärkerem Auflösungsvermögen zeigen noch viele Tausende schwächerer Sterne. Auch diese sind Giganten. Ausgesprochene Zwerge sind zu lichtschwach, um gesehen zu werden. Die größten Leuchtkräfte sind, wie es die statistische Mechanik fordert, nahe dem Zentrum angeordnet. Die Gestalt der meisten Systeme ist schwach elliptisch. Die Dichte der Kugelhaufen ist in der Mitte am größten. Der Dichteabfall nach dem Rande zu läßt sich hinreichend gut darstellen durch die Formel [2]):

$$d = \frac{a}{(1 + b^3 x^2)^{5/2}},$$

---

[1]) Siehe Tabelle 4, S. 8. — [2]) P. TEN BRUGGENCATE, Sternhaufen, S. 48ff.

wo $d$ die Dichte im Abstande $x$ vom Zentrum, $a$ die Dichte im Mittelpunkt und $b$ eine Konstante ist, die die Schnelligkeit des Abfalles nach dem Rande zu darstellt, mithin auch den Durchmesser des Systems. Durch Integration erhält man dann die Schwerebeschleunigung:

$$\gamma = \frac{k^2}{x^2} \int_0^x d\,d\tau, \quad d\tau = 4\pi x^2 d x,$$

$$\gamma = \frac{4\pi k^2}{x^2} \int \frac{a x^2 d x}{(1 + b^2 x^2)^{5/2}},$$

$$\gamma = \frac{4\pi a k^2}{3} \cdot \frac{x}{(1 + b^2 x^2)^{3/2}}.$$

Nach dieser Formel wächst die Gravitation in der Nähe des Zentrums linear mit dem Radius (quasielastische Kraft), um in großer Entfernung nach dem NEWTONschen Gesetz abzunehmen. In einem bestimmten Abstande $x_0$ vom Zentrum erreicht die Gravitation ihren Maximalwert $\gamma_0$; für $x_0$ und $\gamma_0$ ergeben sich die Werte:

$$x_0 = \frac{1}{2b}\sqrt{2}, \quad \gamma_0 = \frac{8}{27} \cdot \sqrt{3} \cdot \frac{\pi a k^2}{b}.$$

Aus der Formel für $\gamma$ kann man schließlich noch die Masse des Sternhaufens bestimmen und durch die Konstanten $a$ und $b$ ausdrücken. Man erhält:

$$m = \frac{4\pi a}{3 b^3}.$$

Die Rechnungen wurden durchgeführt für den Kugelhaufen M 13 im Herkules. Aus dem „Handbuch der Astrophysik" wurden über dieses System folgende Daten entnommen:

Scheinbarer Durchmesser . . . . 10′,
Scheinbare Helligkeit . . . . . . 4$^m$,
Entfernung . . . . . . . . . 10 kpars.

Daraus wurde berechnet:

Wahrer Durchmesser . . . . . . 58 pars,
Wahre Leuchtkraft . . . . . . . — 11$^m$,
Masse . . . . . . . . . . . . 2,10$^6$ $m_\odot$.

Die Masse ergibt sich unter der Voraussetzung, daß die Massen proportional den Leuchtkräften sind in Einheiten der Sonnenmasse. Es wurde weiter schätzungsweise angenommen, daß im Abstande 29 pars vom Zentrum die

Dichte auf 0,1 ihres zentralen Wertes gesunken ist. Dann bestimmt sich die Konstante $b$ auf folgende Weise:

$$0{,}1\,a = \frac{a}{(1 + b^2 x^2)^{5/2}},$$

$$1 + b^2 x^2 = 10^{2/5}, \quad x = 29 \text{ pars.}$$

Da $a$ nunmehr aus der Formel für $\gamma$ folgt, ist der Dichteabfall damit festgelegt.

Unter diesen Annahmen erhält man:

Dichte im Mittelpunkt $a = 2{,}51 \cdot 10^{-21}$ g/cm$^3$,
$b = 1{,}38 \cdot 10^{-20}$

und die Gravitation und die Dichte in verschiedenen Abständen vom Zentrum ist:

Tabelle 9. Gravitation und Dichte im Kugelhaufen M 13.

| $x$ | $\gamma \cdot 10^8$ | $d/a$ |
|---|---|---|
| 10 kpars | 1,68 cm/sec | 0,66 |
| 20 | 1,91 | 0,25 |
| 30 | 1,50 | 0,088 |
| 40 | 1,12 | 0,043 |
| 50 | 0,83 | 0,014 |

$x_0 = 16{,}5$ pars, $\gamma_0 = 1{,}96 \cdot 10^{-8}$ cm/sec$^2$. Die Schwerebeschleunigung ist also größer als in der Milchstraße. Unter der Voraussetzung, daß Massen und Leuchtkräfte in den Kugelhaufen ähnlich verteilt sind wie in der Sonnenumgebung, ergeben sich also auch für den Strahlungsdruck erheblich größere Werte als im galaktischen System. Ebenso wie in der Milchstraße kann $D/S$ für alle Partikel unter 1 sinken, wenn nur die diffuse Materie eine hinreichend große Mächtigkeit besitzt. Allerdings müßte die Dichte dieser Materie sehr erheblich sein, etwa von der Größenordnung $10^{-19}$ g/cm$^3$. Bei geeigneter Partikelgröße würde sich auch so dichte Materie nicht durch übermäßig starke Absorption verraten. Die Teilchen müßten dann aber entweder gasförmig sein, oder es müßte sich um Meteore von erheblichen Dimensionen handeln. Immerhin wäre es aber schwer einzusehen, wieso die Kugelhaufen derartige Mengen nichtleuchtender Materie enthalten sollten. (Für M 13 müßten es etwa $10^8$ Sonnenmassen sein.) Auch würde eine solche Massendichte in M 13 eine schnelle Rotation von etwa 70 km/sec zur Folge haben, die nicht verborgen bleiben könnte. Es dürfte also hiernach wohl feststehen, daß für M 13 auf bevorzugte Partikelgrößen der Strahlungsdruck erheblich überwiegt.

Über die Existenzmöglichkeit absorbierender Materie im Kosmos. 21

*Anwendung der statistischen Mechanik auf die interstellare Materie.*

Aus dem Überwiegen des Lichtdruckes oder der Schwerkraft kann man allein noch nicht darauf schließen, ob sich diffuse Materie im Raum halten kann. Denn es muß ja ferner noch bekannt sein, wie schnell sich die Partikel unter dem Einfluß der wirkenden Kräfte im widerstehenden Mittel (Gas, Staub) fortbewegen können. Deshalb soll im folgenden mit Hilfe der statistischen Mechanik die Entweichungsgeschwindigkeit und Entweichungszeit diffuser Materie abgeschätzt werden. Es empfiehlt sich wiederum, die Betrachtungen für Gase und für gröbere Partikel getrennt durchzuführen; bei letzteren ist ferner zu unterscheiden zwischen Teilchen, für die $D/S > 1$ und solchen, für die es $< 1$ ist.

Um diese Untersuchungen durchführen zu können, müssen wir eine mittlere Geschwindigkeit, d. h. eine Temperatur, für die Teilchen voraussetzen. Nun herrscht im interstellaren Raum an jeder Stelle eine ganz bestimmte Strahlungsdichte, die man für unser engeres Sternsystem aus der Gesamtintensität des Fixsternlichtes leicht bestimmen kann. Dieser Strahlungsdichte ordnet man eine „effektive" Temperatur von etwa $3^0$ abs. zu. D. h. ein schwarzer Körper würde unter ihrem Einfluß die Temperatur $3^0$ annehmen. Dieser Wert ist für unsere Zwecke nicht tauglich, da die Zusammensetzung der Strahlung einer sehr viel höheren Temperatur, nämlich der durchschnittlichen Temperatur der Sternoberflächen, entspricht. Noch verwickelter gestalten sich die Verhältnisse dadurch, daß Licht mit so energiereichen Quanten das betreffende Gas ionisiert. Die in diesem Zusammenhang auftretenden Fragen hat EDDINGTON in seinem Buch „Der innere Aufbau der Sterne" auf S. 468 bis 484 eingehend untersucht. Der dort entwickelte Gedankengang sei hier kurz wiedergegeben.

EDDINGTON unterscheidet vier verschiedene Wege, auf denen Strahlungsenergie auf Materie übertragen werden kann:
    a) Ionisation von Atomen,
    b) kontinuierliche Absorption während der Zusammenstöße von Elektronen mit Atomen,
    c) Anregung von Atomen,
    d) Streuung durch freie Elektronen.

Der Verfasser zeigt zunächst, daß die Wirkung der Vorgänge c) und d) verschwindend ist im Vergleich zu a). Wird nämlich ein Atom angeregt (Prozeß c), so sinkt es in etwa $10^{-8}$ sec wieder in den Grundzustand zurück. Die empfangene Energie wird also dem Strahlungsfelde zurückerstattet. Daß innerhalb dieses außerordentlich kurzen Zeitraumes ein Zusammenstoß mit einem anderen Atom stattfindet, ist gänzlich unwahrscheinlich. Der

Zustand des Gases wird also durch c) praktisch nicht beeinflußt. Der Prozeß d) kann nach Eddington (l. c.) die Geschwindigkeit der Elektronen im Jahr kaum um einen mm/sec beeinflussen. Da das Elektron schließlich wieder von einem Atom eingefangen wird, kann eine Anhäufung der Effekte nicht stattfinden. Auch die Wirkung von d) ist also geringfügig. Wäre d) allein vorhanden, so würde das Gas dadurch die effektive Temperatur der Strahlung, also $3^0$ erhalten.

Durch Ionisation werden Elektronen mit großer Geschwindigkeit fortgeschleudert. Die Geschwindigkeit hängt nicht von der Intensität, sondern nur von der Qualität der Strahlung ab. Die aus dem Atomgefüge befreiten Elektronen besitzen eine gewisse mittlere Geschwindigkeit, der man nach der kinetischen Gastheorie eine Temperatur zuordnen kann. Letztere ist von der Größenordnung der Sterntemperaturen. Dieses „Elektronengas" tritt nun in Wechselwirkung mit den Atomen und ist bestrebt, ihnen die gleiche Temperatur zu erteilen. Da wirkt aber der Prozeß b)! Bei Zusammenstößen zwischen Atomen und Elektronen wird Licht emittiert, d. h. es geht der Materie Energie verloren. Eddington hat berechnet, daß den Elektronen auf diese Weise nur etwa 25% ihrer Energie entzogen werden. Andererseits muß die Temperatur der Elektronen diejenige der Sternatmosphären noch erheblich übertreffen. Denn die hochfrequenten Wellen gehen mit größerem Gewicht ein als die langsamen. Alles in allem kommt Eddington zu dem Schluß, daß das im freien Weltenraum befindliche Gas eine Temperatur von 10000 bis $15000^0$ haben muß und doppelt ionisiert ist. Allerdings gelten diese Überlegungen nur für geringe Dichten. Sobald die Dichte so groß wird, daß die Durchsichtigkeit leidet, treten andere Verhältnisse ein. Durch die Wirkung des Prozesses b) sinkt dann die Temperatur erheblich. Leider beruht die Theorie auf der stillschweigenden Voraussetzung, daß nur gasförmige Materie vorhanden ist. Kommt außerdem noch feste, staubförmige Materie vor, so ist das Gas nach dem Gleichverteilungssatz bestrebt, dieser seine eigene Temperatur zu erteilen. Das Gas gibt also kinetische Energie ab und seine Temperatur sinkt, bis Gleichgewicht eintritt. Aber darauf soll hier nicht näher eingegangen werden. Im folgenden wird mit einem doppelt ionisierten Gas von der Temperatur $15000^0$ gerechnet. Ferner wird angenommen, daß das mittlere Atomgewicht 20 ist. Damit lassen sich Aussagen über die Geschwindigkeit der Teilchen machen. Man erhält folgende Werte:

$$\text{bei } 1^0 \ldots \ldots \ldots V = 6{,}23 \cdot 10^5 \text{ cm/sec},$$
$$10000^0 \ldots \ldots \ldots V = 6{,}23 \cdot 10^7 \text{ „ },$$
$$15000^0 \ldots \ldots \ldots V = 7{,}63 \cdot 10^7 \text{ „ }.$$

Der erste Wert ist aus EDDINGTON, „Aufbau der Sterne", S. 500, entnommen; die anderen wurden daraus berechnet unter Berücksichtigung, daß die kinetische Energie der Temperatur proportional ist. Nach dem Gleichverteilungssatz ist die mittlere Energie der Ionen die gleiche. Da die Masse eines Atoms vom Gewicht 20 gleich der 20 · 1845 fachen Elektronenmasse ist, betragen die Geschwindigkeiten dieser Ionen:

$$\text{bei } 10\,000^0 \ldots \ldots V = 3{,}24 \cdot 10^5 \text{ cm/sec.,}$$
$$\text{„ } 15\,000^0 \ldots \ldots V = 3{,}97 \cdot 10^5 \text{ „ .}$$

Es sollen zunächst die *Verhältnisse am Rande eines Sternsystems* näher untersucht werden, und zwar unter der Voraussetzung $D/S \ll 1$. Als Beispiele werden die früher schon behandelten Modelle a und b des Milchstraßensystems und das ebenfalls behandelte Modell von M 13 betrachtet. Von besonderem Interesse ist die Frage, ob in einem solchen System ($D/S \ll 1$) Materie entweichen kann. Es handelt sich hier um ein ganz ähnliches Problem wie bei den Planetenatmosphären. Ein Planet kann bekanntlich nur dann eine Atmosphäre halten, wenn die mittlere Geschwindigkeit der Gasmoleküle erheblich kleiner als die „Entweichungsgeschwindigkeit" ist. Es handelt sich also auch hier darum, zu untersuchen, ob die oben angenommene mittlere Geschwindigkeit der Partikel der Entweichungsgeschwindigkeit nahekommt oder sie gar überschreitet.

Zu diesem Zweck wurde das Potential an den Grenzen des Milchstraßensystems berechnet. Bestimmt wurde zunächst die Gravitation für eine Anzahl Punkte außerhalb des Ellipsoids nach den Formeln von CHASLES. In der Äquatorebene wurde die Rechnung durchgeführt für Punkte mit einem Abstand von 10 bis 15 kpars in Intervallen von 5 zu 5 kpars. Nach der SIMPSONschen Regel wurde daraus die Potentialdifferenz zwischen dem Rand des Systems (10 kpars Entfernung vom Zentrum) und einem Punkt mit der Entfernung 50 kpars ermittelt. Von hier ab gilt nahezu das NEWTONsche Anziehungsgesetz für punktförmige Massen; deshalb brauchte die Integration nicht weiter durchgeführt werden. Die Summe des NEWTONschen Potentials im Abstand 50 kpars und der numerisch bestimmten Potentialdifferenz ergibt das Potential am Rande der Milchstraße für Aufpunkte am Äquator. Für den Pol des Systems wurde die Rechnung ähnlich durchgeführt; nur konnten keine konstanten Integrationsintervalle benutzt werden. Der Abstand des Poles vom Mittelpunkt ist für Modell a 0,75 kpars und für Modell b 1,5 kpars. Es wurde wieder bis 50 kpars Abstand vom Zentrum gerechnet und das NEWTONsche Potential in diesem Abstand hinzugefügt. Ferner wurde die Potentialdifferenz zwischen dem Mittelpunkt und dem

Rand der beiden Modelle für Pol und Äquator bestimmt (Potential einer quasielastischen Kraft).
Die Ergebnisse sind folgende:

Tabelle 10. Potential in der Milchstraße.

|   | Potential im Mittelpunkt | am Äquator | am Pol |
|---|---|---|---|
| a | $925 \cdot 10^{11}$ CGS | $500 \cdot 10^{11}$ CGS | $851 \cdot 10^{11}$ CGS |
| b | $1786 \cdot 10^{11}$ | $981 \cdot 10^{11}$ | $1642 \cdot 10^{11}$ |

Aus diesen Potentialen läßt sich die Entweichungsgeschwindigkeit bestimmen nach der Formel: Entweichungsgeschwindigkeit $= \sqrt{2 \cdot \text{Potential}}$. Man erhält:

Tabelle 11. Entweichungsgeschwindigkeit in der Milchstraße.

|   | Entweichungsgeschwindigkeit im Mittelpunkt | am Äquator | am Pol |
|---|---|---|---|
| a | $13{,}6 \cdot 10^6$ cm/sec | $10{,}0 \cdot 10^6$ cm/sec | $13{,}0 \cdot 10^6$ cm/sec |
| b | $10{,}9 \cdot 10^6$ | $14{,}0 \cdot 10^6$ | $18{,}1 \cdot 10^6$ |

Die „Entweichungsgeschwindigkeit" im Mittelpunkt hat keine praktische Bedeutung. Wie man sieht, ist die erforderliche Geschwindigkeit am Pol größer als am Äquator. Bei Annahme der zugrunde gelegten Temperatur müssen an den Rändern des Systems ständig Elektronen entweichen. Der Verlust tritt auch dann noch ein, wenn wir die Masse unseres Modelles verzehnfachen, dürfte also wohl reell sein. Es ergibt sich andererseits, daß Ionen, auch leichtere, das System unter gar keinen Umständen verlassen können. (Dabei ist natürlich Fehlen von Str. Dr. vorausgesetzt.) Was bedeutet nun der ständige Verlust an Elektronen? Durch das Entkommen negativer Ladungen lädt sich die Milchstraße positiv auf. Von nun an wird die elektrische Anziehung wirksam. Die Elektronen müssen nun eine größere Geschwindigkeit besitzen, um das System verlassen zu können. Es werden aber immer noch einige entkommen, solange die erforderliche Entweichungsgeschwindigkeit nicht die fünffache mittlere Elektronengeschwindigkeit übersteigt. Dann ist

$$v = 5\,V = 38 \cdot 10^7 \text{ cm}.$$

Das dazugehörige Potential beträgt

$$\varphi = \frac{v^2/2}{e/m} = 0{,}136 \text{ CGS} = \underline{40{,}8 \text{ Volt}},$$

wobei das Verhältnis $e/m$ zu $5{,}29 \cdot 10^{17}$ angenommen ist.

Auf die Ionen wirkt nun infolge des Potentials von 41 Volt eine elektrische Abstoßung, unter deren alleinigem Einfluß sie aus dem System hinausgeschleudert würden und eine Endgeschwindigkeit von

$$\frac{38 \cdot 10^7}{\sqrt{18\,450}} = 2{,}8 \cdot 10^6 \text{ cm}$$

erlangen müßten. Die zur Überwindung des Schwerefeldes erforderliche Geschwindigkeit ist aber höher: die Gravitation ist also *nicht* aufgehoben. Nur für H-Ionen wäre das am Äquator von Modell a der Fall. Da die Masse des wirklichen galaktischen Systems sicher größer ist als die von a, kann das für Ionen überhaupt nicht eintreten. Ist das System mit 41 Volt geladen, so entweichen keine weiteren Elektronen mehr. Ob der Zustand heute schon erreicht ist, läßt sich ohne Untersuchung der Verhältnisse im Innern des Systems nicht entscheiden. Jedenfalls ist die Menge der zur Herstellung dieses Potentials notwendigen Elektronen (41 Volt) geringfügig und beträgt etwa das $10^{-16}$fache derjenigen des ganzen Systems, also weniger als die Erdmasse! Mehr Elektronen können keinesfalls entweichen.

Wesentlich anders liegen die Verhältnisse im Kugelhaufen M 13. Hier beträgt das Potential am Rande $\varphi = 3{,}0 \cdot 10^{12}$ cgs und die Entweichungsgeschwindigkeit $v = \sqrt{2\,\varphi} = 2{,}44 \cdot 10^6$ cm/sec. $v$ ist also geringer als im Milchstraßensystem und die Elektronen können noch leichter entweichen. Ionen vom Gewichte 20 können den Kugelhaufen nicht verlassen. Dagegen liegt für Wasserstoffionen die mittlere Geschwindigkeit nur unwesentlich unter der Entweichungsgeschwindigkeit. H und He kann sich an den Rändern des Systems nicht auf die Dauer halten. Würden gleich viel Ionen und Elektronen entkommen, so bliebe das System elektrisch neutral. In Wirklichkeit entweichen sehr viel mehr negative Ladungen auf Grund ihrer größeren Geschwindigkeit. Unter alleiniger Wirkung dieses Prozesses würde — gleiche Temperatur wie in der Milchstraße vorausgesetzt — das Potential auf 41 Volt steigen. Nun werden aber die Ionen hinausgestoßen; denn diese würden unter dem alleinigen Einfluß der wirksamen elektrischen Kräfte eine Endgeschwindigkeit von $2{,}8 \cdot 10^6$ cm erhalten. Zur Überwindung der Schwere sind aber nur $2{,}4 \cdot 10^6$ cm erforderlich. Im ganzen findet also eine Abstoßung statt. Wenn sich Ionen vom Gewicht 20 nicht halten können, dann leichtere Ionen erst recht nicht. Durch den Verlust an positiven Ladungen würde das elektrische Potential wieder sinken. Dann können aber wieder negative Ladungen entweichen. In Wirklichkeit wird es gar nicht zu einer Auflaung bis auf 41 Volt kommen. Vielmehr wird sich bei einer geringeren Spannung ein Gleichgewichtszustand bilden, bei dem ständig gleich viel positive und negative Elektrizität entweicht. Dieser Zustand muß etwa dann eintreten, wenn das Verhältnis zwischen mittlerer Geschwindigkeit und Entweichungsgeschwindigkeit für Elektronen und Ionen gleich wird. Das Gleichgewichtspotential hängt also außer von der chemischen Beschaffenheit noch von der Masse des Systems ab. In der Milchstraße ist das anders, weil dort keine Ionen entweichen können.

*In M 13 und jedenfalls auch in den anderen Kugelhaufen kann sich also, auch wenn kein Str. Dr. wirkt, kein interstellares Gas halten, da ständig Materie an den Außenraum abgegeben wird.*

Nicht so einfach wie am Rande sind die Verhältnisse *im Innern eines Sternsystems* zu übersehen, weil die Teilchen hier nicht mehr frei beweglich sind. Auch müssen hier spezielle Voraussetzungen über chemische Natur und Dichte des Gases gemacht werden. Ferner muß gröbere Materie mitberücksichtigt werden. Da wir von der Wirkung des Strahlungsdruckes zunächst absehen, war das am Rande nicht notwendig; denn gröbere Partikel können nicht auf Grund ihrer Temperaturgeschwindigkeit entweichen. Die Dichte sei so gewählt, daß in jedem cm³ ein Ion vorhanden ist. Da das Atomgewicht 20 sein soll und ein H-Atom eine Masse von $1{,}662 \cdot 10^{-24}$ g besitzt, so entspricht das einer Raumdichte von $3{,}3 \cdot 10^{-23}$ g/cm³. Von Interesse sind nun die beiden Fragen:

1. Wie verhalten sich die Partikel dieses Gases?
2. Wie verhalten sich gröbere Partikel?

Es soll zunächst das erste Problem behandelt werden. Gewisse Schwierigkeiten sind dadurch bedingt, daß wir es nicht mit einem idealen Gase zu tun haben. Denn zwischen den einzelnen Teilchen sind starke elektrische Kräfte wirksam. Daher versagen auch die üblichen Formeln für freie Weglänge, innere Reibung, Stoßzahl usw. Bei Vorübergängen von Ionen und Elektronen treten fortgesetzt Ablenkungen ein, die nach dem Zweikörperproblem behandelt werden können.

Bei der Rechnung werden folgende Zahlenwerte benutzt:

Masse des Elektrons: $m = 9{,}01 \cdot 10^{-28}$ g,
Ladung des Elektrons: $e = 4{,}77 \cdot 10^{-10}$ CGS,
$e/m = 5{,}29 \cdot 10^{17}$,
$e^2/m = 2{,}52 \cdot 10^8$.

Wenn zwei Massenpunkte sich nach dem NEWTONschen Gesetz anziehen, so beschreiben sie einander ähnliche Kegelschnitte um den gemeinsamen Schwerpunkt. Die Bewegung des einen Massenpunktes relativ zum anderen ergibt ebenfalls einen Kegelschnitt, der den beiden Bahnen um den Schwerpunkt ähnlich ist. Insbesondere sind bei hyperbolischer Bewegung die Ablenkungen beider Körper relativ zum Schwerpunkt und relativ zu dem einen als ruhend angenommenen Körper einander gleich. Sofern es nur auf die auf ruhend gedachten Schwerpunkt bezogenen Ablenkungen ankommt, kann immer der eine Körper als ruhend angenommen werden und die Ablenkung des anderen Körpers in bezug auf diesen bestimmt werden. Das Verfahren ist insbesondere dann zulässig, wenn der eine Körper sich sehr langsam im Vergleich zu dem anderen bewegt (Ion und Elektron). In diesem Falle kommt nämlich die Bewegung des Elektrons um den Schwerpunkt praktisch seiner absoluten Bewegung gleich. Somit ist auch die so ermittelte Ablenkung mit der absoluten gleichbedeutend.

Die Bahnen der Partikel weichen unter dem Einfluß der elektrischen Kräfte dauernd mehr oder weniger von der geradlinigen Bewegung ab. Hier interessieren nur die nahen Vorübergänge, bei denen die Bahn einen scharfen Knick erleidet. Wir bezeichnen im folgenden eine Ablenkung von 90° als „Zusammenstoß" und die mittlere Entfernung, die ein Teilchen zwischen zwei „Zusammenstößen" zurücklegt, als freie Weglänge. Es liegt nahe, den halben Abstand, den die Teilchen bei einem „Zusammenstoß" — d. h. bei einer Ablenkung von 90° — besitzen würden, wenn sie sich geradlinig weiterbewegen würden, als „Radius" des Teilchens zu bezeichnen. Wir werden aber diese Definition weiter unten durch eine bessere ersetzen. Die Bewegung ist dabei stark schematisiert dargestellt, indem auf stärkere und schwächere Ablenkung als 90° keine Rücksicht genommen wird. Da die Dichte des Gases so wenig bekannt ist, daß für freie Weglänge usw. doch nur eine Abschätzung der Größenordnung möglich ist, erscheint mir diese Vereinfachung erlaubt zu sein.

Im Zweikörperproblem gelten die Formeln:

$$\frac{c^2}{k^2(m_1+m_2)} = p,$$

$$1 + \frac{c^2 h}{k^4(m_1+m_2)^2} = \varepsilon^2,$$

wobei $c$ = doppelte Flächengeschwindigkeit ist.

Ferner ist $\sqrt{h} = V$ = Geschwindigkeit im Unendlichen, d. h. bei ungestörter Bewegung.

Bewegt sich nun ein Teilchen $a$, bevor es in das Kraftfeld des Teilchens $b$ gelangt, geradlinig mit der Geschwindigkeit $V$, und ist $d$ der Abstand dieser Geraden von $b$, so kann man schreiben:

$$\lambda = d \cdot V.$$

Für $p$ und $\varepsilon$ erhält man nun die Ausdrücke:

$$p = \frac{d^2 V^2}{k^2 (m_1 + m_2)},$$

$$\varepsilon^2 = 1 + \frac{d^2 V^4}{k^4 (m_1 + m_2)^2}.$$

$a$ = Hauptachse, $b$ = Nebenachse, $p$ = Parameter, $\varepsilon$ = numerische Exzentrizität. Der Winkel zwischen den Asymptoten sei $\vartheta$. Dann beträgt die Ablenkung $\vartheta' = \pi - \vartheta$. Bekanntlich ist $\operatorname{tg}\dfrac{\vartheta}{2} = \dfrac{b}{a}$, und zwischen $a, b, p, \varepsilon$ bestehen die Beziehungen:

$$p = \frac{b^2}{a},$$

$$a = \frac{p}{\varepsilon^2 - 1} = \frac{d^2 V^2}{k^2 (m_1 + m_2)} : \frac{d^2 V^4}{k^4 (m_1 + m_2)^2} = \frac{k^2 (m_1 + m_2)}{V^2},$$

$$b = \sqrt{a \cdot p} = d.$$

Es ist also:

$$\operatorname{tg}\frac{\vartheta}{2} = \frac{b}{a} = \frac{d V^2}{k^2 (m_1 + m_2)}.$$

$V$ ist die Relativgeschwindigkeit des Teilchens $a$ zum ruhend gedachten Teilchen $b$ in unendlicher Entfernung, d. h. außerhalb des Kraftfeldes. $V$ ist also im Höchstfall gleich der Summe der beiden Einzelgeschwindigkeiten. Dieser Wert ist im allgemeinen zu groß. Ist das als ruhend gedachte Teilchen ein Ion, so kann seine Geschwindigkeit wie gesagt vernachlässigt werden, wenn das andere ein Elektron ist. Sind beide Partikel Ionen oder beide Elektronen, so wurde als Näherungswert die halbe Summe der Geschwindigkeiten angesetzt, also die mittlere Ionen- bzw. Elektronengeschwindigkeit.

Die Größe $k^2 (m_1 + m_2)$ ist im Planetenproblem die Beschleunigung, die der ruhend gedachte Körper auf den bewegten im Abstande 1 cm ausübt. Im vorliegenden Falle muß gesetzt werden:

$$k^2 (m_1 + m_2) \rightarrow e_1 e_2 \left(\frac{1}{m_1} + \frac{1}{m_2}\right).$$

Dieses ist die Beschleunigung im Abstande 1 cm. Dabei ist $e_1$ bzw. $e_2$ die Ladung und $m_1$ bzw. $m_2$ die Masse, und man kann schreiben:

$$\operatorname{tg}\frac{\vartheta}{2} = \frac{d V^2}{e_1 e_2 \left(\dfrac{1}{m_1} + \dfrac{1}{m_2}\right)}.$$

Da $\operatorname{tg}\frac{\vartheta}{2} = 1$ sein soll:
$$d = \frac{e_1 e_2}{V^2}\left(\frac{1}{m_1} + \frac{1}{m_2}\right).$$

Wenn bei ungestörter Bewegung die Teilchen in diesem Abstande $d$ aneinander vorbeigehen würden, findet eine Ablenkung von 90° statt. Die wahre „Periheldistanz" $\delta$ ist größer oder kleiner als $d$, je nachdem, ob die Partikel gleich oder entgegengesetzt geladen sind.

### *Ableitung von $\delta$.*

Aus der Kongruenz der Dreiecke $OAB$ und $OFD$ ($SWW$) folgt die Gleichheit: $d = b$ (siehe Abb. 2). Ferner ist $AF = \delta = a\,(\varepsilon \pm 1)$, wobei das $+$-Zeichen bei Abstoßung, das $-$-Zeichen bei Anziehung gilt. Durch Division folgt
$$\frac{\delta}{d} = \frac{a}{b}(\varepsilon \pm 1),$$
und weil $\varepsilon = \sqrt{1 + \left(\frac{b}{a}\right)^2}$:
$$\frac{\delta}{d} = \frac{a}{b}\left(\sqrt{1 + \frac{b^2}{a^2}} \pm 1\right).$$
Nun ist $\frac{b}{a} = \operatorname{tg}\frac{\vartheta}{2}$, also:
$$\frac{\delta}{d} = \operatorname{ctg}\frac{\vartheta}{2}\left(\sqrt{1 + \operatorname{tg}^2\frac{\vartheta}{2}} \pm 1\right),$$
$$\frac{\delta}{d} = \frac{\cos\frac{\vartheta}{2}}{\sin\frac{\vartheta}{2}}\left(\frac{1}{\cos\frac{\vartheta}{2}} \pm 1\right),$$
$$\frac{\delta}{d} = \frac{1}{\sin\frac{\vartheta}{2}}\cdot\left(1 \pm \cos\frac{\vartheta}{2}\right) \quad\text{oder}\quad \delta = \frac{d}{\sin\frac{\vartheta}{2}}\left(1 \pm \cos\frac{\vartheta}{2}\right).$$

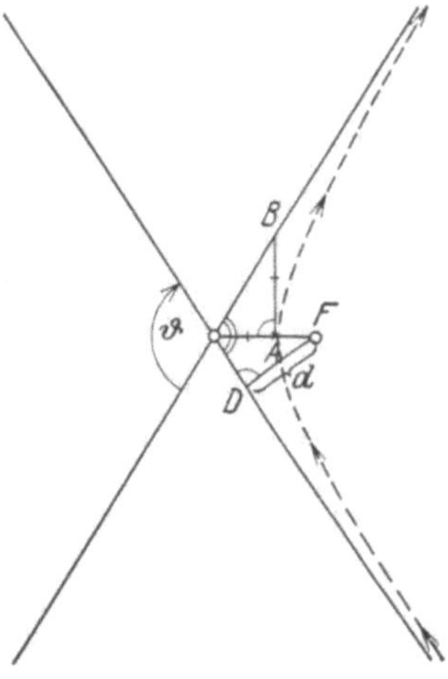

Abb. 2. Bahn eines elektrisch geladenen Teilchens im Felde einer gleichnamigen Ladung.

Diese Formel gibt den Perihelabstand. Ist insbesondere $\vartheta = 90°$, dann wird
$$\delta = d\,(\sqrt{2} \pm 1).$$

Es können im ganzen vier Arten von Ablenkungen stattfinden, die getrennt diskutiert werden müssen.

1. Ablenkung von Elektronen durch Elektronen,
2. Ablenkung von Elektronen durch Ionen,
3. Ablenkung von Ionen durch Elektronen,
4. Ablenkung von Ionen durch Ionen.

1. Für Elektronen ist $e_1 = e$ und $e_2 = e$; $m_1 = m_2 = m$:
$$d = \frac{e^2}{V^2} \cdot \left(\frac{2}{m}\right) = \frac{2e^2}{mV^2} = \underline{8{,}66 \cdot 10^{-8} \text{ cm}}.$$

Bei $d = 8{,}7 \cdot 10^{-8}$ cm werden die Elektronen um $90^0$ abgelenkt. Die Ablenkung ist vom ruhenden Schwerpunkt aus zu betrachten. Ist der Schwerpunkt in Bewegung, so läßt sich über die wahre Ablenkung nichts aussagen; sie kann kleiner oder größer als $90^0$ sein.

2. Hier ist
$$d = \frac{2e^2}{mV^2},$$
$$d = 8{,}66 \cdot 10^{-8} \text{ cm}.$$

$d$ ist hier ebenso groß wie bei 1. Der Schwerpunkt bewegt sich langsam im Vergleich zu dem Elektron, kann also als ruhend betrachtet werden. Die wirkliche Ablenkung ist also ebenfalls nahezu $90^0$.

3. Die Ablenkung des Ions erhält man durch eine Impulsbetrachtung. Nach dem „Stoß" beträgt der seitliche Impuls des Elektrons $m \cdot V$. Der seitliche Impuls des Ions ist gleich und entgegengesetzt $m_{\text{Ion}} \cdot V'_{\text{Ion}} = m \cdot V$. Nun ist $m_{\text{Ion}} = \alpha \cdot m$.

$V_{\text{Ion}} = \dfrac{1}{\sqrt{\alpha}} V$, Geschwindigkeit des Ions vor dem Stoß.

$V'_{\text{Ion}} = \dfrac{1}{\alpha} V$, seitliche Geschwindigkeitskomponente des Ions nach dem Stoß.

$\dfrac{V'_{\text{Ion}}}{V_{\text{Ion}}} = \dfrac{1}{\sqrt{\alpha}}$, d. h. die seitliche Geschwindigkeitskomponente bleibt klein gegenüber der Gesamtgeschwindigkeit. Die Ablenkung ist also minimal.

Man erhält also den Satz: *Ionen werden durch Elektronen praktisch nicht abgelenkt.*

4. $\quad d = \dfrac{8e^2}{V_{\text{Ion}}^2 \cdot m_{\text{Ion}}}$ (für doppelt geladene Ionen);

da nun
$$V_{\text{Ion}}^2 \cdot m_{\text{Ion}} = V_{\text{El}}^2 \cdot m_{\text{El}},$$
so erhält man
$$d_{\text{Ion}} = 4\, d_{\text{El}} = \underline{34{,}6 \cdot 10^{-8} \text{ cm}}.$$

## Zusammenstellung.

Ion—Ion .... $d = 34{,}6 \cdot 10^{-8}$ cm, $\quad \delta = 83{,}4 \cdot 10^{-8}$ cm,
El—El .... $d = 8{,}7 \cdot 10^{-8}$ „ , $\quad \delta = 20{,}9 \cdot 10^{-8}$ „ ,
El—Ion .... $d = 8{,}7 \cdot 10^{-8}$ „ , $\quad \delta = 3{,}6 \cdot 10^{-8}$ „ .

Mit Hilfe von $d$ muß nun ein „effektiver" Atomdurchmesser konstruiert werden. Unter der gemachten Voraussetzung, daß bei einem „Zusammenstoß" die Ablenkung im Durchschnitt 90⁰ sein soll, ergibt sich zunächst, daß $d$ kleiner ist als der „Atomdurchmesser". Denn wenn die Teilchen bei ungestörter Bewegung in einem Abstand zwischen 0 und $d$ vorübergehen würden, so ergibt sich eine Ablenkung zwischen 90 und 180⁰, also jedenfalls größer als 90⁰. Vernünftigerweise wird man den Atomdurchmesser aber so definieren, daß dann gerade noch ein „Zusammenstoß" erfolgt, wenn der Abstand der Teilchen bei ungestörter Bewegung $2\varrho$ beträgt. Auf diese Weise kommt man zu folgender Definition: Ein Zusammenstoß findet dann statt, wenn das Mittel aus allen Ablenkungen für $d < 2\varrho$ den Wert 90⁰ hat. Durch $2\varrho$ ist dann der maximale Abstand gegeben, bei dem gerade noch ein Zusammenstoß stattfindet. $d_0 = 2\varrho$ ist somit der doppelte Atomradius. Ganz einwandfrei ist diese Definition jedoch insofern nicht, als auch noch schwache Ablenkungen auftreten, wenn der Abstand der Partikel größer ist als der doppelte „effektive Atomradius", was bei einem körperlichen Zusammenstoß ja nicht der Fall ist. Aber diese Schwierigkeit muß man in Kauf nehmen, oder man muß auf einen „effektiven Atomradius" ganz verzichten.

Aus den Formeln

$$\operatorname{tg}\frac{\vartheta}{2} = \frac{dV^2}{k^2(m_1+m_2)} = \frac{dV^2}{\gamma}, \quad \text{wo } \gamma = k^2(m_1+m_1)$$

und $\quad \operatorname{tg}\vartheta' = \dfrac{2dV^2\gamma}{d^2V^4 - \gamma^2}$, wobei $\vartheta'$ der Ablenkungswinkel ist,

folgt für $d_0$ die Integraldarstellung

$$\frac{\pi}{2} = \frac{1}{d_0}\int_0^{d_0}\vartheta'\,dd = \frac{1}{d_0}\int_0^{d_0}\operatorname{arctg}\frac{2dV^2\gamma}{d^2V^4 - \gamma^2}\,dd.$$

Die Lösung dieses Integrals lautet

$$\frac{\pi}{2} = \operatorname{arctg}\frac{2\gamma d_0 V^2}{d_0^2 V^4 - \gamma^2} - \frac{\gamma^3 + \gamma d_0^2 V^4}{d_0 V^2 (d_0^2 V^4 + \gamma^2)} + \ln\frac{d_0^2 V^4 + \gamma^2}{\gamma^2},$$

oder:

$$\frac{2\gamma d_0 V^2}{d_0^2 V^4 - \gamma^2} = \operatorname{tg}\left[\frac{\pi}{2} + \frac{\gamma^3 + \gamma d_0^2 V^4}{d_0 V^2 (d_0^2 V^4 + \gamma^2)} - \ln\frac{d_0^2 V^4 + \gamma^2}{\gamma^2}\right].$$

Setzt man $\dfrac{d_0 V^2}{\gamma} = \alpha$, so ist $\alpha$ die Zahl, mit der man den früher erhaltenen Wert $d$ multiplizieren muß, um $d_0$ zu erhalten. Denn es ist $d_0 V^2 = \alpha \gamma$, wobei aber $\gamma = d V^2$ ist. Daraus ergibt sich aber die Beziehung:

$$d_0 V^2 = \alpha \cdot d V^2 \quad \text{oder} \quad \underline{d_0 = \alpha d}.$$

Dabei wird $\alpha$ aus der transzendenten Gleichung

$$\frac{2\alpha}{\alpha^2 - 1} = \operatorname{tg}\left[\frac{\pi}{2} + \frac{1+\alpha^3}{\alpha(1+\alpha^2)} - \ln(1+\alpha^2)\right]$$

bestimmt. Mit Hilfe der regula falsi wurde erhalten:

$$\underline{\alpha = 1{,}83.}$$

$1{,}83\,d$ ist also der „Atomradius".

Man erhält folgende Werte:

Ion—Ion . . . . . . . $d_0 = 63 \cdot 10^{-8}$ cm,
El—El . . . . . . . . $d_0 = 16 \cdot 10^{-8}$ ,, ,
El—Ion . . . . . . . $d_0 = 16 \cdot 10^{-8}$ ,, .

Da die Elektronen von Elektronen und Ionen in gleicher Weise beeinflußt werden, die Ionen dagegen nur von den Ionen, so verläuft die Bewegung annähernd folgendermaßen:

Die Ionen verhalten sich so, als ob sie selbst einen Durchmesser von $63 \cdot 10^{-8}$ cm hätten und sich in einem Medium — das nur aus den Ionen besteht — aus Partikeln vom Durchmesser $63 \cdot 10^{-8}$ cm befänden. Die Elektronen verhalten sich wie in einem Medium mit Partikeln vom Durchmesser $16 \cdot 10^{-8}$ cm. Die „Dichte" des letzten Gases — es besteht aus Ionen und Elektronen — ist entsprechend größer als diejenige im ersten Falle. Natürlich sind die hier geschilderten Verhältnisse nur eine ganz rohe Annäherung an die Wirklichkeit.

*Freie Weglänge und Stoßzahl.*

Unter diesen Annahmen lassen sich freie Weglänge und Stoßzahl für unser Gas (ein Atom auf ein cm³) berechnen. Die statistische Mechanik liefert die Formeln:

$$\text{Freie Weglänge } \lambda = \frac{3}{16 N \pi \varrho^2} = \frac{\eta}{0{,}310 \cdot V \cdot M}.$$

Dabei bedeutet: $\varrho$ = Radius der Teilchen, $N$ = Anzahl der Teilchen im cm³, $M$ = Masse im cm³, $V$ = Geschwindigkeit der Teilchen, $\eta$ = innere Reibung. Und man erhält die Ergebnisse:

Tabelle 12. Freie Weglänge und Stoßzahl.

| | Für Ionen | Für Elektronen |
|---|---|---|
| | $\varrho = 31{,}5 \cdot 10^{-8}$ cm | $\varrho = 0{,}8 \cdot 10^{-8}$ |
| | $\lambda = 0{,}61 \cdot 10^{12}$ cm | $\lambda = 32 \cdot 10^{12}$ |
| Zeit zwischen 2 Stößen: | $t = 1{,}49 \cdot 10^6$ sec | $t = 0{,}04 \cdot 10^6$ |
| Stöße pro Sekunde: | $\tau = \frac{1}{t} = 7 \cdot 10^{-7}$ | $\tau = \frac{1}{t} = 24 \cdot 10^{-6}$ |

Da die Ablenkung bei jedem „Stoß" 90⁰ betragen soll, hat sich ein Teilchen in der Zeit $T$ im Mittel um die Strecke $s = \lambda \sqrt{T/t}$ vom Ausgangspunkt entfernt.

Für $s$ ergeben sich folgende Werte:

Tabelle 13. Fortbewegung von Gaspartikeln.

| | Für Ionen | Für Elektronen |
|---|---|---|
| $T = 1$ Jahr | $s = 0{,}09 \cdot 10^{-5}$ pars | $s = 2{,}3 \cdot 10^{-5}$ pars |
| $10^6$ | $0{,}09 \cdot 10^{-2}$ | $2{,}3 \cdot 10^{-2}$ |
| $10^{12}$ | $0{,}9$ | $23$ |

Wie man sieht, ist die Fortbewegung einer Gaspartikel auch in sehr langen Zeiträumen gering. Selbst die Elektronen bewegen sich in einer Million Jahren nur um 0,023 pars. Die Bewegung der neutralen Atome ist größer als diejenige der Ionen; denn hier ist der Atomradius $\varrho = 10^{-8}$ cm, während für Elektronen $8 \cdot 10^{-8}$ und für Ionen $31 \cdot 10^{-8}$ gilt. Für die entsprechenden neutralen Atome erhält man z. B.:

$$\lambda = 2{,}0 \cdot 10^{14} \text{ cm},$$
$$t = 5{,}0 \cdot 10^8 \text{ sec} = 15{,}8 \text{ Jahre},$$
in $10^2$ Jahren $s = 0{,}162 \cdot 10^{-3}$ pars,
in $10^6$ Jahren $= 0{,}126 \cdot 10^{-1}$ pars.

Die Bewegung des neutralen Atoms ist also gleich der 27fachen des doppelt ionisierten. Die Bewegung bei anderen Gasdichten läßt sich hieraus leicht ableiten. Aus der Formel

$$s = \lambda \cdot \sqrt{\frac{T}{t}} = V \cdot \sqrt{t \cdot T}$$

folgt, daß die Bewegung $\sim \sqrt{t}$ ist. $t$ ist aber umgekehrt proportional der Zahl $N$, also der Dichte des Gases. Man hat also die Beziehung

$$s \sim (\text{Gasdichte})^{-1/2}.$$

Die Bewegung kräftefreier Gaspartikel ist demnach auch in Zeiträumen von $10^{12}$ Jahren gemessen an den Dimensionen des Milchstraßensystems verschwindend gering. In Verbindung mit den früher abgeleiteten Sätzen über das Entweichen von Ionen und Elektronen besagt das, daß gasförmige Materie, für die $D/S < 1$ ist, sich im Milchstraßensystem beliebig lange zu halten vermag. Wenn sie nicht von Strömungen mitgerissen wird, bleibt sie sogar an derselben Stelle.

*Betrachtungen über den Strahlungsdruck bei Gasen.*

Eine andere Frage ist nun die, ob die Annahme $D/S < 1$ berechtigt ist. Der nach der SCHWARZSCHILDschen Theorie durch Beugung und kontinuierliche Absorption bedingte Str. Dr. ist bei Gasen verschwindend gering. Aber ein anderer Vorgang ist mit Strahlungsdruck verbunden, nämlich die Absorption von Lichtquanten. Nach BAADE und PAULI (l. c.) läßt sich der Druck, der durch die Sonnenstrahlung ausgeübt wird, durch die Formel

$$\mu = \frac{D}{S} = \frac{1}{M} \cdot 0{,}969 \cdot 10^{-7} \cdot \lambda^{-3} \cdot e^{-\frac{1{,}430}{\lambda T}}$$

darstellen. Dabei ist $M =$ Atomgewicht des Gases, $\lambda =$ Wellenlänge der Resonanzlinie, $T =$ Temperatur der Sonne.

Wie man sieht, ist $\mu$ stark von der Lage der Resonanzlinie abhängig. Der stärkste Druck tritt ein, wenn die Resonanzwellenlänge $\lambda = {}^5/_3 \lambda_{max}$ ist. Liegt $\lambda$ für die betreffende Atomart im kurzwelligen Teil des Spektrums, so ist der Str. Dr. gering. Ein Beispiel soll den Sachverhalt erläutern. In der folgenden Tabelle sind die Werte von $\mu \cdot M$ für Sterne von $m_\odot$ und $0_\odot$ und verschiedene Temperatur zusammengestellt.

Charakteristisch ist der außerordentlich hohe Str. Dr. bei den frühen Typen. Für sehr kurze Wellenlängen im Vergleich zu $\lambda_{max}$ ist der Str. Dr. minimal. Die Rechnungen wurden in der früher (s. S. 8) beschriebenen Weise auf das System der nächsten Sterne bis 15 pars übertragen. Die Ergebnisse finden sich in der letzten Spalte der obigen Tabelle. Wie man sieht, gehen im System der nächsten Sterne die Werte von $\mu \cdot M$ bei Atomen mit langwelligen Resonanzlinien in die Tausende. Bei kürzeren Wellen tritt ein starkes Absinken ein, so daß bei $\lambda = 75$ mµ $\mu \cdot M$ annähernd $= 1$ ist und in der Gegend von 50 mµ bereits ganz verschwindet. Bezeichnend ist ferner, daß oberhalb von $\lambda = 200$ mµ der gesamte Str. Dr. praktisch von den wenigen im System vorhandenen A-Sternen bestritten wird. Das Verhältnis des Lichtdruckes für kurz- und langwellige Resonanz-

Tabelle 14. $\mu \cdot M$ für verschiedene Sterntemperaturen.

| $\lambda$ \ $T$ | 3000 | 4000 | 6000 |
|---|---|---|---|
| 37,6 | | | $53 \cdot 10^{-20}$ |
| 49,4 | | | $0{,}0091 \cdot 10^{-10}$ |
| 80 | | | $2{,}15 \cdot 10^{-5}$ |
| 100 | | $0{,}0036 \cdot 10^{-5}$ | 0,0045 |
| 150 | $0{,}045 \cdot 10^{-5}$ | $133 \cdot 10^{-5}$ | 3,6 |
| 200 | $56 \cdot 10^{-5}$ | 0.233 | 82 |
| 300 | 0,45 | 24 | 1290 |
| 400 | 10,3 | 196 | 3870 |

| $\lambda$ \ $T$ | 8000 | 12000 | Nächste Sterne |
|---|---|---|---|
| 37,6 | $0{,}041 \cdot 10^{-10}$ | $3{,}12 \cdot 10^{-5}$ | $0{,}20 \cdot 10^{-5}$ |
| 49,4 | $0{,}018 \cdot 10^{-5}$ | 0,27 | 0,002 |
| 80 | 0,35 | 64 | 4,1 |
| 100 | 1,63 | 660 | 44 |
| 150 | 196 | 10200 | 680 |
| 200 | 1570 | 31000 | 2200 |
| 300 | 9190 | 68000 | 5700 |
| 400 | 17000 | 77000 | 8400 |

linien ist in dem betrachteten Intervall von der Größenordnung $10^{10}$! Bei geeigneter Lage der betreffenden Linie sind also praktisch alle möglichen Werte von $\mu$ denkbar.

Wie steht es nun in dieser Hinsicht mit den tatsächlich im Kosmos vorkommenden Gasen?

Die einzigen Elemente, deren Existenz im interstellaren Raum mit Sicherheit gewährleistet ist, sind Ca und Na. Wie oben erwähnt, treten diese Gase dort vorwiegend in der Form $Ca^{++}$ und $Na^+$ auf. Diese beiden Atomarten besitzen keine Valenzelektronen mehr, da diese durch Ionisation verlorengegangen sind. Dagegen bleibt die nächst tiefer gelegene Elektronenschale unversehrt, denn das für weitere Ionisation erforderliche Potential ist sehr hoch. Folgende Zusammenstellung soll diese Verhältnisse veranschaulichen. Die erste Spalte enthält für das jeweilige Atom die Wellenlänge der Resonanzstrahlung, die zweite diejenige der Ionisationsstrahlung in m$\mu$.

|  | | | | |
|---|---|---|---|---|
| Na | 589 | 421 | Ca | 657 | 160 |
| $Na^+$ | 27,6 | 26,3 | $Ca^+$ | 397 | 104 |
| | | | $Ca^{++}$ | 49,4 | 24,2 |

Man sieht deutlich den Sprung der Resonanz- und Ionisationsfrequenzen zwischen Na und $Na^+$ bzw. zwischen $Ca^+$ und $Ca^{++}$. Andere Stoffe als Na und Ca konnten bisher nicht sichergestellt werden. Aber die Vermutung liegt nahe, daß diese ebenfalls ihre Valenzelektronen verloren haben. Trifft das zu, so liegen für das interstellare Gas die Resonanzlinien so weit im Ultraviolett, daß kein Str. Dr. mehr ausgeübt wird. In bezug auf $Na^+$ und $Ca^{++}$ sind die Werte von $\mu \cdot M$ für das System der nächsten Sterne in der betreffenden Tabelle zu finden. Allerdings ist beim Calcium ein Teil der Atome nur einfach ionisiert. Für diese ist — siehe die Tabelle — $\mu = 200$, da das Atomgewicht von Calcium $\sim 40$ und $\mu \cdot M$ für die betreffende Resonanzlinie $\sim 8000$ ist, also sehr groß. Beim Natrium fällt der Prozentsatz der neutralen Atome nicht ins Gewicht. Da die Lebensdauer eines $Ca^+$-Ions begrenzt ist und da es sich in dem umgebenden Gas nicht geradlinig fortbewegen kann, so kommt es nicht weit, sondern gibt seine durch den Strahlungsdruck empfangene kinetische Energie an die anderen Gasatome weiter. Da nun aber nur 0,25% der Calciumatome dem Lichtdruck ausgesetzt sind, die übrigen sind (s. S. 2) höher ionisiert und somit dem Str. Dr. nicht unterworfen, so ist das praktisch dasselbe, als ob auf das gesamte Calciumgas nur 0,25% des Str. Dr. wirkte. Dann ist aber im Gebiet der nächsten Sterne für das Calcium im Durchschnitt $\mu = 1/2$, d. h. das Gas unterliegt der Schwere. Das Natriumgas ist dagegen von dem Lichtdruck ganz unbeeinflußt. Über das Verhalten anderer Gase läßt sich ohne spezielle Untersuchungen schwer etwas aussagen, außer, daß der größte Teil der Atome, wie gesagt, vermutlich die Valenzelektronen eingebüßt hat und somit der Wirkung des Lichtdruckes entzogen ist. Gegen einen dominierenden Einfluß des Lichtdruckes spricht auch die Tatsache, daß er in den Sternatmosphären jedenfalls nicht überwiegt, denn sonst würden sich letztere nicht halten können und der Stern würde seine Masse an den Außenraum abgeben. Ist aber in den Sternatmosphären $\mu < 1$, so im interstellaren Raum a fortiori, denn hier sind die Elemente ja höher ionisiert.

Über die mutmaßliche Zusammensetzung des interstellaren Gases läßt sich wenig sagen. Das Fehlen von „ruhenden" Linien anderer Elemente in den Sternspektren schließt die Existenz dieser Stoffe im interstellaren Raum nicht aus, sondern läßt darauf schließen, daß die Atome so weit herunter ionisiert sind, daß sie keine erreichbaren Linien mehr liefern.

Tabelle 15. Häufigkeit der Elemente in Meteoriten.

| Element | Häufigkeit | Element | Häufigkeit |
|---------|------------|---------|------------|
| $F_e$   | 47%        | S       | 2 %        |
| O       | 23         | $C_a$   | 1          |
| $S_i$   | 12         | $N_a$   | 0,4        |

Über die Existenzmöglichkeit absorbierender Materie im Kosmos. 37

Aus der chemischen Analyse von Meteoriten ist von NODDACK die relative Häufigkeit der Elemente bestimmt worden. Die von ihm erhaltenen Werte seien für die häufigsten Stoffe hier mitgeteilt. Die Zahlen geben den prozentualen Gewichtsanteil der betreffenden Elemente an der Gesamtmasse der untersuchten Meteoriten.

Untersuchungen über den chemischen Aufbau der Sternatmosphären aus spektroskopischen Beobachtungen von RUSSELL führten zu gut übereinstimmenden Resultaten. Die Schlüsse lassen sich auf das interstellare Gas aber nicht übertragen, da die Wahrscheinlichkeit, aus der Sternatmosphäre ausgestoßen zu werden, für die einzelnen Elemente sicher sehr verschieden ist.

*Gröbere Materie im Weltenraum.*

Partikel, deren Größe die atomaren Dimensionen erheblich überschreitet, können nicht mehr als kräftefrei betrachtet werden; Gravitation

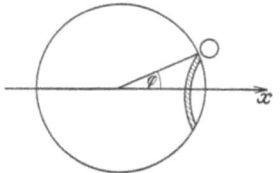

Abb. 3. Senkrecht auftreffendes Partikel.

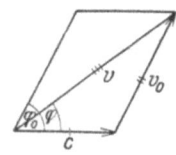

Abb. 4. Parallelogramm der Geschwindigkeiten.

und Strahlung müssen berücksichtigt werden. Die Bewegung ist diejenige eines schweren Körpers im widerstehenden Mittel. Daß an Stelle der Schwerkraft bisweilen der Strahlungsdruck tritt, ist in bezug auf die Bewegungsgesetze unwesentlich. Die Teilchen bewegen sich innerhalb kurzer Zeiträume gleichförmig mit der Gleichgewichtsgeschwindigkeit. Für sehr lange Zeiten gilt das nicht mehr, da sowohl die wirkenden Kräfte als auch der Widerstand des Mittels räumlich nicht konstant zu sein braucht. Ist $c$ klein gegen die Geschwindigkeit der Gasmoleküle, so läßt sich ein einfaches Widerstandsgesetz auf folgende Weise aufstellen:

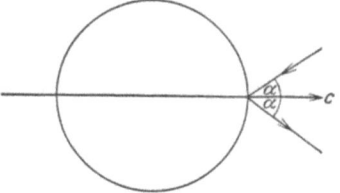

Abb. 5. Schräger Stoß.

Eine Kugel $K$ bewege sich mit der Geschwindigkeit $c$ und ihre Flächeneinheit erhalte $n$ Stöße pro Sekunde. Die Geschwindigkeit der stoßenden Gaspartikel mit der Masse $m$ sei $v_0$, und die Relativgeschwindigkeit der beiden Körper zu einander heiße $v$.

Stoßen alle Partikel senkrecht auf die Kugel auf, so ist der auf $K$ ausgeübte Druck entgegen der Bewegungsrichtung:

$$D_\perp = 2 \int_{-r}^{+r} m \cdot n \cdot v \cos \varphi \, ds \cdot r,$$

wobei

$$ds = 2 \pi r^2 \sin \varphi \, d\varphi,$$

$$D_\perp = 2 \int_0^\pi 2 \pi m n r^2 v \sin \varphi \cos \varphi \, d\varphi \cdot r$$
$$= 4 \pi m n r^2 \int_0^\pi v r \sin \varphi \cos \varphi \, d\varphi.$$

Dabei ist $r$ die relative Häufigkeit, mit der das Flächenelement $ds$ getroffen wird.

*Bestimmung von $v$.*

Es ist

$$v_0^2 = v^2 + c^2 - 2 v c \cos \varphi.$$

Daraus folgt für kleine $c$:

$$v = c \cos \varphi + v_0 - \frac{c^2}{c v_0} \sin^2 \varphi,$$

außerdem ist

$$r = \frac{ds_0}{ds} = \frac{\sin \varphi_0}{\sin \varphi} \cdot \frac{d\varphi_0}{d\varphi}.$$

Um die Ausdrücke $\frac{\sin \varphi_0}{\sin \varphi}$ und $\frac{d\varphi_0}{d\varphi}$ zu bestimmen, benutze ich die Gleichung

$$\frac{\sin \varphi}{v_0} = \frac{\sin (\varphi_0 - \varphi)}{c}$$

und setze $\varphi_0 - \varphi = \varepsilon$. Genähert gilt

$$\frac{c}{v_0} \cdot \sin \varphi = \varepsilon,$$

oder

$$\varphi_0 = \varphi + \frac{c}{v_0} \sin \varphi, \tag{I}$$

woraus folgt

$$\frac{d \varphi_0}{d \varphi} = 1 + \frac{c}{v_0} \cos \varphi. \tag{Ia}$$

Zur Bestimmung von $\frac{\sin \varphi_0}{\sin \varphi}$ setzt man an

$$\frac{c}{v_0} \sin \varphi = \sin \varphi_0 \cos \varphi - \cos \varphi_0 \sin \varphi.$$

Über die Existenzmöglichkeit absorbierender Materie im Kosmos.

Aus (I) folgt

$$\left.\begin{aligned} \cos\varphi_0 &= \cos\varphi - \frac{c}{v_0}\sin^2\varphi, \\ \frac{c}{v_0}\sin\varphi &= \sin\varphi_0\cos\varphi + \frac{c}{v_0}\sin^3\varphi - \sin\varphi\cos\varphi, \\ \frac{c}{v_0}\cos\varphi &= \frac{\sin\varphi_0}{\sin\varphi} + \frac{c\sin^2\varphi}{v_0\cos\varphi} - 1, \\ \frac{\sin\varphi_0}{\sin\varphi} &= 1 + \frac{c}{v_0}\cos\varphi. \end{aligned}\right\} \quad \text{(II)}$$

Aus (Ia) und (II) ergibt sich

$$r = 1 + \frac{2c}{v_0}\cos\varphi,$$

und schließlich

$$v \cdot r = v_0 + 3\,c\cos\varphi.$$

Durch Einsetzen dieses Wertes erhält man:

$$\tfrac{1}{2}D_\perp = 2\pi m n r^2 \int_0^\pi (v_0 + 3\,c\cos\varphi)\cdot\sin\varphi\cos\varphi\,d\varphi$$

$$= 2\pi m n r^2 \int_0^\pi v_0 \sin\varphi\cos\varphi\,d\varphi + 2\pi m n r^2 \int_0^\pi 3\,c\cos^2\varphi\sin\varphi\,d\varphi$$

$$= 0 - 6\pi m n r^2 \cdot \left[\frac{\cos^3\varphi}{3}\right]_0^\pi,$$

$$\underline{D_\perp = 4\pi m n r^2 c.}$$

$D_\perp$ ist unter der Voraussetzung abgeleitet, daß alle Partikel senkrecht auftreffen. In Wirklichkeit ist jeder Auftreffwinkel $\alpha$ gleich wahrscheinlich. Es gilt also der bekannte Ansatz:

$$D = {}^1/_3\,D_\perp.$$

Die Zahl $n$ (Anzahl der Stöße pro Flächeneinheit und Sekunde) ist noch zu bestimmen. Die Kugel hat den Radius $r$, die stoßenden Teilchen sind praktisch dimensionslos. Man kann also genähert schreiben:

Freie Weglänge

$$\lambda = \frac{3}{16\,N\,\pi\cdot\left(\dfrac{r}{2}\right)^2} = \frac{3}{4\,N\,\pi\,r^2}.$$

Zahl der Stöße, die die Kugel pro sec treffen:

$$n' = 4\pi r^2 n = \frac{v_0}{\lambda} = \frac{4\pi r^2 v_0}{3},$$

$$n = \frac{N \cdot v_0}{3},$$

$$D = \frac{4\pi}{9} r^2 c m N v_0.$$

In der Tat haben wir es mit zwei Arten von stoßenden Partikeln zu tun, nämlich Ionen und Elektronen. Unter den früher gemachten Voraussetzungen erhält man zahlenmäßig

$$D = \frac{4\pi}{9} r^2 c (13{,}2 + 0{,}1) \cdot 10^{-18} \text{ CGS}$$

Die beiden Summanden in der Klammer sind die Produkte $mNv_0$ für Ionen und für Elektronen. Die hemmende Wirkung der letzteren ist also zu vernachlässigen.

Unter dem Einfluß von Strahlung und Schwere ist die auf die Kugel wirkende Beschleunigung

$$\ddot{x} = \frac{c}{3r} \cdot 13{,}3 \cdot 10^{-18} \text{ cm/sek}^2 - \gamma \cdot \left(\frac{D}{S} - 1\right),$$

wo $\gamma$ die Schwerebeschleunigung ist. Die Kugel erreicht die Grenzgeschwindigkeit, wenn $\ddot{x} = 0$ wird. Dann gilt:

$$c = 0{,}23 \cdot r \cdot \gamma \left(\frac{D}{S} - 1\right) \cdot 10^{18}.$$

Wendet man dieses Ergebnis auf die früher benutzten Modelle des Milchstraßensystems an, so erhält man folgende Grenzgeschwindigkeiten:

Tabelle 16.
Grenzgeschwindigkeiten im Milchstraßensystem für gröbere Materie.

| $2r$ | Modell a | | Modell b | |
|---|---|---|---|---|
| | $c_x$ | $c_y$ | $c_x$ | $c_y$ |
| 0,08 μ | 0,7 km/sec | 0,8 | 1,3 | 1,5 |
| 0,2 | 1,3 | 1,6 | 2,4 | 3,0 |
| 0,4 | 1,3 | 1,6 | 2,3 | 2,8 |
| 0,8 | 0,9 | 1,1 | 1,6 | 2,0 |
| 2,0 | 0,3 | 0,4 | 0,6 | 0,7 |

$c_x$ und $c_y$ sind die Geschwindigkeiten am Äquator bzw. am Pol. Im Innern dieser Modelle ist $c$ kleiner, da dort $\gamma$ kleiner ist. Im Mittelpunkt schließlich, wo keine Kräfte wirken, ist $c = 0$. Die Tabelle enthält die $c$-Werte für solche Teilchen, die dem Str. Dr. unterworfen sind. Zwischen $r = 0{,}1$ µ und $r = 0{,}2$ µ hat $c$ ein Maximum, die Größenordnung von 1 km/sec wird aber nicht wesentlich überschritten. Für sehr kleine Teilchen, die dem Lichtdruck nicht mehr unterliegen, geht $c$ gegen 0. In der Gegend von $r = 1$ µ, dort, wo Strahlung und Anziehung sich das Gleichgewicht halten, wird $c$ ebenfalls wieder 0.

Dazwischen treffen wir Grenzgeschwindigkeiten von etwa 1 km/sec an. *Partikel von bestimmter Größe (0,04 µ $< r <$ 1 µ) werden also mit erheblicher Geschwindigkeit aus dem Milchstraßensystem herausgeschleudert. Die Zeit, die ein solcher Körper braucht, um das System zu verlassen, ist von der Größenordnung $10^{10}$ Jahre. Ganz ähnlich liegen die Verhältnisse in M 13, nur daß hier die Ausscheidung der betreffenden Materie wegen der kürzeren Entfernung vom Zentrum bis zum Rande und des größeren Wertes von γ viel schneller von statten geht.*

*Staubförmige Materie, die dem Strahlungsdruck nicht mehr unterliegt.*

Teilchen mit $r > 1$ µ unterliegen dem Lichtdruck nicht mehr. Die Schwerkraft ist bestrebt, sie in das Innere des Systems hineinzuziehen. Zur Bestimmung der Grenzgeschwindigkeit ist das oben abgeleitete Widerstandsgesetz nicht mehr anwendbar, da mit wachsendem Radius $c/v_0$ sehr bald groß gegen 1 wird. Durch ähnliche Reihenentwicklungen wie oben, jedoch nach $v_0/c$ wurde für schnell bewegte Körper ($c/v_0 \gg 1$) folgendes Widerstandsgesetz gefunden.

$$\text{Druck: } D = \frac{4\pi}{9} r^2 m N c^2,$$

$$\text{Beschleunigung: } b = \frac{1}{3r} m N c^2.$$

Das gilt, wie alle hier angestellten derartigen Betrachtungen, für die spezifische Dichte Eins. Im übrigen ist die Beschleunigung $b$ umgekehrt proportional der spezifischen Dichte. Diese Formeln unterscheiden sich von den früher abgeleiteten nur dadurch, daß $c^2$ an Stelle von $c \cdot v$ steht. $D$ und $b$ sind also bei schneller Bewegung unabhängig von der Temperatur des widerstehenden Mittels, und außerdem ist nunmehr der Widerstand proportional dem *Quadrat* der Geschwindigkeit des Körpers.

Um die Größenordnung des Widerstandes und somit auch der Sinkgeschwindigkeit abzuschätzen, wird über die Bewegungsverhältnisse in der Milchstraße folgende stark idealisierte Annahme gemacht: Modell a bzw. b sei von einem hochverdünnten Gase mit der überall konstanten

Dichte $k$ angefüllt. Die Gaspartikel beschreiben Kreisbahnen um das Zentrum. Umlaufszeit und Winkelgeschwindigkeit sind dann im ganzen System konstant, da alle Teilchen einer quasielastischen Kraft unterworfen sind.

In diesem Medium sollen sich nun Staubkörner auf schwach exzentrischen Bahnen bewegen. Auch diese Materie hat dann bekanntlich die gleiche Umlaufzeit wie das Gas. Unter der Voraussetzung, daß für das betreffende Teilchen während eines Umlaufes der Verlust an kinetischer Energie klein ist, kann die Rechnung so durchgeführt werden, als ob das Staubkorn während seines ganzen Umlaufes auf der ungestörten Bahn kreisen würde. Der Widerstand ist dann eine Funktion der Relativgeschwindigkeit $\bar{q}$ zwischen Teilchen und Gas, und zwar ist er proportional $\bar{q}$, wenn $\bar{q}$ klein gegen die mittlere Geschwindigkeit der Gaspartikel ist (s. oben), im entgegengesetzten Falle besteht Proportionalität mit $\bar{q}^2$. Welches von beiden Gesetzen muß hier zugrunde gelegt werden? Die Rotationsgeschwindigkeit am Rande des Systems beträgt in a) $92 \cdot 10^5$ cm/sec und in b) $129 \cdot 10^5$ cm/sec. Weiter unten wird gezeigt, daß $\bar{q}$ von der Größenordnung $q_1 \varepsilon^2$ ist. Nun ist andererseits die mittlere Geschwindigkeit der Ionen von der Größenordnung $10^5$ cm/sec, diejenige der Elektronen fast $10^8$. Bei nicht zu kleinen $\varepsilon$ liegt also $\bar{q}$ zwischen den beiden Geschwindigkeiten. Wegen ihres im Verhältnis zu den Ionen sehr geringen Impulses (s. oben) kann der Widerstand der Elektronen vernachlässigt werden.

Es gilt also der Ansatz
$$w \sim \bar{q}^2.$$
Das Teilchen verliert dann bei einem vollen Umlauf die Geschwindigkeit
$$\Delta q = \alpha \int_Q \bar{q}^2 \, dt = \alpha \int_Q \frac{\bar{q}^2}{q_2} \, ds,$$
wobei $\alpha$ ein Proportionalitätsfaktor und $q_2$ die jeweilige Geschwindigkeit des Staubkerns ist.

Aus einfachen mechanischen und geometrischen Betrachtungen ergeben sich folgende Beziehungen:

Gravitationsbeschleunigung im Abstande $r$ vom Zentrum:
$$\gamma = r \cdot \gamma_0.$$

Umlaufsgeschwindigkeit in der Kreisbahn im Abstande $r$ vom Zentrum:
$$q_1 = r \cdot \sqrt{\gamma_0}.$$

Umlaufszeit für alle $r$ und $\varepsilon$ konstant:
$$T = \frac{2\pi r}{q_1} = \frac{2\pi}{\sqrt{\gamma_0}},$$
Geschwindigkeit des Teilchens in der Bahn:
$$q_2^2 = a^2 \gamma_0 (1 - \varepsilon^2 \cos^2 E).$$
Relativgeschwindigkeit des Teilchens zum Gas:
$$\bar{q}^2 = a^2 \gamma_0 (2 - \varepsilon^2 - 2\sqrt{1-\varepsilon^2}).$$
$q_2$ erhält man am besten, indem man die Bewegungsgleichungen des Problems
$$x = a \cos E, \qquad E = \sqrt{\gamma_0}\,(t-t_0)$$
$$y = b \sin E,$$
nach der Zeit differentiiert. Dann erhält man
$$\dot{x} = -a\sqrt{\gamma_0}\sin E,$$
$$\dot{y} = b\sqrt{\gamma_0}\cos E,$$
und
$$\bar{q}^2 = \dot{x}^2 + \dot{y}^2 = a^2 \gamma_0 (1-\varepsilon^2 \cos^2 E),$$
dabei bezeichnet $a, b$ = Achsen der Bahnellipse,

$\varepsilon$ = Exzentrizität derselben,

$E$ = mittlere Anomalie,

$\varphi$ = Winkel zwischen Radialvektor und Apsidenlinie,

$\psi$ = Winkel zwischen Bahnnormale und Apsidenlinie,

$\gamma_0$ = Beschleunigung im Abstande 1 vom Zentrum.

Entwickelt man nach Potenzen von $\varepsilon$ und vernachlässigt Glieder höherer Ordnung, so erhält man
$$\left(\frac{r}{a}\right)^2 = 1 - \varepsilon^2 \sin^2 E,$$
$$r = a\left(1 - \frac{\varepsilon^2}{2}\sin^2 E\right),$$
$$\sin(\psi - \varphi) = \frac{\varepsilon}{2}\sin 2E,$$
$$\bar{q}^2 = a^2 \gamma_0 \cdot \frac{\varepsilon^4}{4},$$
$$\Delta q = \alpha a^2 \sqrt{\gamma_0}\,\frac{\varepsilon^4 \pi}{2}.$$

Oben wurde abgeleitet: Verzögerung durch den Widerstand des Mittels
$$b = \frac{1}{3\varrho} m N \bar{q}^2.$$

Es ist also

$$\alpha = \frac{1}{3\varrho} m N$$

und mithin

$$\varDelta q = \frac{a^2 \sqrt{\gamma_0}}{3\varrho} m N \varepsilon^4 \cdot \frac{\pi}{2}.$$

Unter den gemachten Voraussetzungen (Modell a) wird

$$\varDelta q = \frac{\varepsilon^4}{\varrho} \cdot 0{,}012 \text{ km},$$

wobei alles in CGS gemessen ist.

Folgende Zusammenstellung soll zur Veranschaulichung der Größenordnung von $\varDelta q$ dienen.

Tabelle 17. Abnahme der Geschwindigkeit nach einem Umlauf.

| $\varepsilon$ \ $\varrho$ | $10^{-5}$ cm | $10^{-4}$ cm | $10^{-3}$ cm | $10^{-2}$ cm |
|---|---|---|---|---|
| 0,1 | 0,1 km | — | — | — |
| 0,2 | 1,9 | 0,2 km | — | — |
| 0,3 | 9,7 | 1,0 | 0,1 km | — |
| 0,4 | 30,7 | 3,1 | 0,3 | — |
| 0,5 | (75,0) | 7,5 | 0,8 | 0,1 km |

Charakteristisch ist die starke Abhängigkeit der Größe $\varDelta q$ von $\varepsilon$. Wie man sieht, ist für $\varepsilon = 0{,}5$ und $\varrho = 10^{-4}$ cm die Zahl der Umläufe schon auf etwa 15 begrenzt, da die Geschwindigkeit, die anfangs für Modell a etwa 90 km beträgt, nach einem Umlauf bereits um 7,5 km/sec abgenommen hat. Für noch größere $\varepsilon$ und kleinere $\varrho$ ist die Rechnung nicht mehr gültig, da die Bahnellipse dann nicht mehr annähernd während eines Umlaufs eingehalten wird. Ferner tritt dann die Wirkung des Str. Dr. in Erscheinung. Solange $D/S < 1$, bewirkt dieser wie gesagt eine Verlangsamung der Bahnbewegung. Gas und feste Partikel kreisen nicht mehr mit gleicher Periode und die Relativgeschwindigkeit, d. h. aber auch der Widerstand nimmt zu. Die Folge ist also eine schnellere Annäherung an das Zentrum. Aber auch das gilt nur, solange die Teilchen die Brownsche Molekularbewegung noch nicht in nennenswertem Umfange aufweisen. Denn anderenfalls werden sie einfach mitgeführt und können sich als Suspensionen lange halten. Das dürfte wohl auch besonders für solche Partikel gelten, die wegen ihrer Kleinheit vom Strahlungsdruck nicht mehr erfaßt werden. Wenn $\varepsilon$ mit der Zeit abnimmt, kann auch für gröbere Partikel, die dem Lichtdruck nicht mehr unterliegen, die Sinkzeit erheblich zunehmen, da der Widerstand mit $\varepsilon$ stark abnimmt. Letzteres ist wohl anzunehmen, da das rotierende Gas bestrebt ist, die Teilchen mitzuführen.

Sieht man von diesem Umstande ab, so sinkt in Modell a bei $\varepsilon = 0,5$ und $\varrho = 10^{-4}$ cm die Geschwindigkeit nach einem Umlauf um 7,5 km. Nun beträgt die Umlaufszeit in a) $6,7 \cdot 10^8$ Jahre. In diesem Falle sinkt das Teilchen in einer Milliarde Jahren etwa um den zehnten Teil seines Abstandes vom Zentrum. Wenn es jedoch in sehr stark exzentrischer Bahn rotiert, so kann die Zeit noch wesentlich kürzer ausfallen. Wenn die Vermutung, daß das Milchstraßensystem schon $10^{12}$ Jahre besteht, richtig ist, so müßten alle Partikel von der Größenordnung $10^{-5}$ und $10^{-4}$ cm — die Richtigkeit der angenommenen Gasdichte vorausgesetzt — sich bereits in der Nähe des Zentrums befinden, sofern $D/S < 1$ ist; es sei denn, daß die Rotation mit ganz unwahrscheinlich geringen Exzentrizitäten vonstatten geht. Im übrigen ist die Sinkzeit für gröbere Materie proportional dem Teilchendurchmesser. Die Betrachtung der konstanten Bahnellipse hat etwas unbefriedigendes an sich, da man nicht einmal weiß, ob $\varepsilon$ einigermaßen konstant bleibt. Allgemeiner läßt sich das Problem der Sinkgeschwindigkeit mit Hilfe der Störungsrechnung behandeln. Es wären dann etwa nach der LAGRANGEschen Methode die Störungsgleichungen des Problems in den Bahnelementen aufzustellen und zu integrieren. Von Interesse sind dabei nur die Störungen in $a$ und $\varepsilon$. Eine direkte Integration der Bewegungsgleichungen erscheint hoffnungslos.

Die Verhältnisse in M 13 zu erörtern, lohnt nicht, da sich dort, wie oben gezeigt, kein interstellares Gas befinden kann. Es bliebe da höchstens übrig, die gegenseitige Reibung fester Körper zu untersuchen. Diese ist aber bei derartig hoch verdünnter Materie so minimal, daß eine Zusammenballung im Zentrum innerhalb der zur Verfügung stehenden Zeiträume unwahrscheinlich ist.

*Zusammenfassung.*

1. Auf Grund der Theorie des Strahlungsdruckes von SCHWARZSCHILD und DEBYE wurde das Verhältnis Druck zu Schwere auf totalreflektierende Partikel verschiedener Größe unter dem Einfluß sämtlicher Sterne der Sonnenumgebung bis zu einer Entfernung von 15 pars berechnet. Es ergab sich, daß der Str. Dr. die Schwerkraft um etwa das 20fache übertreffen kann, wenn der Partikeldurchmesser von der Größenordnung $2\varrho = 0,1\,\mu$ ist. Bei erheblich kleinerem $\varrho$ sinkt der Str. Dr. schnell und verschwindet unterhalb $2\varrho = 0,01\,\mu$ ganz. Andererseits überwiegt die Schwere auch, wenn $2\varrho > 1\,\mu$ wird. Partikel, die der Ungleichung $0,01\,\mu < 2\varrho < 0,1\,\mu$ genügen, sind also dem Str. Dr. unterworfen.

2. Unter der Annahme, daß die durchschnittliche Absorption in der Milchstraße 0,3 mag/kpars beträgt, wurde die Dichte der absorbierenden Materie für folgende drei Fälle berechnet:
 1. Gasförmige Materie,
 2. feste verfärbende Materie,
 3. feste nicht verfärbende Materie.

Die so erhaltenen Dichten wurden mit der maximal zulässigen verglichen. Es wurde gefunden, daß alle drei Annahmen zulässige Dichtewerte liefern, daß also allein auf Grund der Stärke der Absorption nichts über die Natur der verantwortlichen Materie ausgesagt werden kann.

3. Potential und Anziehung im Milchstraßensystem und im Kugelhaufen M 13 wurden unter vereinfachten Annahmen über den Aufbau dieser Systeme berechnet.

4. Es wurde untersucht, ob im Milchstraßensystem und in M 13 am Rande gasförmige Materie entweichen kann. Es erwies sich, daß in der Milchstraße vorübergehend Elektronen entweichen können, wodurch sich das System auf 41 Volt auflädt. Ist dieses Potential erreicht, so ist kein weiteres Entweichen von Gas auf Grund der Temperaturgeschwindigkeit mehr möglich. In M 13 kann das Potential nicht so hohe Werte erreichen; jedoch entweicht ständig Materie und auf die Dauer kann sich dort kein Gas halten.

5. Unter Berücksichtigung der elektrischen Kräfte in hochionisierten Gasen wurde unter speziellen Annahmen über Dichte, Ionisationsgrad und Atomgewicht desselben freie Weglänge und Stoßzahl für Ionen und Elektronen berechnet und daraus gefolgert, daß die Eigenbewegung der einzelnen Teilchen auch in sehr langen Zeiträumen gering ist.

6. Nach der Formel von BAADE und PAULI wurde der Strahlungsdruck, den die Sterne der Sonnenumgebung auf Gasatome ausüben, berechnet. Es ergab sich mit einiger Wahrscheinlichkeit, daß das interstellare Gas dem Lichtdruck nicht unterliegt.

7. Die Sinkgeschwindigkeit grober Materie zum Mittelpunkt des Milchstraßensystems hin wurde unter speziellen Annahmen abgeschätzt.

Ich fühle mich verpflichtet, meinem verehrten Lehrer und Förderer, Herrn Prof. Dr. SCHOENBERG, auf dessen Anregung hin die vorliegende Arbeit in Angriff genommen wurde, für die mir dabei stets erwiesene Unterstützung meinen aufrichtigen Dank auszusprechen.

# Lebenslauf.

Als Sohn des Kaufmanns Willy Jung am 17. 1. 1910 in Essen geboren, besuchte ich seit Ostern 1920 das Gymnasium zu Cleve, das ich 1929 mit dem Zeugnis der Reife verließ. Zu besonderem Dank fühle ich mich meinem langjährigen Mathematiklehrer, Herrn Studienrat Dr. Müller verpflichtet, dessen ausgezeichneter Unterricht eine wesentliche Grundlage und Anregung zu meinem späterem Studium bildete.

An der Universität zu Breslau studierte ich von Mai 1929 bis Mai 1933 Astronomie, Mathematik und Physik. Seit dem 1. April 1934 befinde ich mich als Assistent an der Universitätssternwarte zu Breslau.

Meine Lehrer waren: Baur, Kneser, Kühnemann, Marck, Rademacher, Radon, Reiche, Schaefer, Schoenberg, Sternberg, Stumpff, Weinstein.

Ihnen allen spreche ich meinen ehrerbietigsten Dank aus. Mein besonderer Dank gebührt Herrn Professor Dr. Schoenberg, auf dessen Anregung die Arbeit in Angriff genommen wurde, für das mir stets bewiesene Wohlwollen.

**Bodo Jung.**

MIX
Papier aus verantwortungsvollen Quellen
Paper from responsible sources
FSC® C105338

If you have any concerns about our products,
you can contact us on
**ProductSafety@springernature.com**

In case Publisher is established outside the EU,
the EU authorized representative is:
**Springer Nature Customer Service Center GmbH
Europaplatz 3, 69115 Heidelberg, Germany**

Printed by Libri Plureos GmbH
in Hamburg, Germany